熱賣學

バカ売れ販促アイデア500

商品導購
促銷500攻略

堀田博和 —— 著
賴庭筠、黃子玲、張婷婷 譯

前言

　　我從事促進銷售（銷售宣傳、促銷組合）的第一線工作至今已逾二十年，隨時都在思考提升商品銷售量的企劃、機制與方法，並加以實踐。在構思促銷點子的過程中，我經常提醒自己隨時留意並努力將自創的「促銷概念（構想）」記錄下來，避免遺忘。在思考陷入瓶頸、遲遲想不出好點子的時候，我就會反覆閱讀筆記，希望從中獲得靈感。

　　為了撰寫本書，我先從記錄下來的200多個「促銷概念（構想）」中篩選出最重要的106項。接著，再配合一連串的促銷流程，將它們分為「七個導購階段」，以便於依階段、狀況加以運用。

1・提升商品的價值感
2・鎖定目標消費者
3・給予提示，讓顧客一眼看見你
4・引起興趣與刺激欲望
5・確實傳達訊息
6・引導消費者採取特定行動
7・提供持續的滿足

　　之後，再分別從各個促銷概念，導出500個具體的促銷點子、提示、手法與設計，並加上實際運用的例子。

　　基本上這是一本「拿來使用的書，而不是拿來閱讀的書」。使用方法非常簡單。只要先在腦海裡想像你想促銷的商品（服務），接著再想像「顧客的模樣」，然後再依促銷概念的順序翻閱即可。

　　在整個過程中，一定會看見對你有所啟發的促銷概念，或是留意到你不小心遺忘的重要事項。發現覺得不錯的促銷概念時，可先標示起來，再繼續閱讀。最後整本書都會畫滿記號也說不定。而那些你標示起來的促銷概念，應該都是在發想新點子時所需、立刻就能納入考慮的內容。

　　如果看到了對現在的你而言十分重要的促銷概念，請別忘了先將看到之後你腦中浮現的實際點子、企劃、方法或設計寫下來。之後再參考促銷點子與實例，將它們調整為適合你的手法與機制。

直接使用促銷點子，或是稍微調整後再使用當然也沒問題。在思考陷入瓶頸、腦海一片空白時，也可以一邊想像你所販售的商品一邊再次快速瀏覽「商品促銷全攻略」的條目。相信光是這麼做，應該就能找到可以用的點子，或是留意到其他重要的概念。

　　儘管促銷、行銷等名詞有些複雜，但只要買東西的是人，「讓商品賣得更好的手段與方法的本質」，從以前到現在都一樣與我們的生活息息相關。只是因應狀況會有些微調整、接觸管道（媒體）有些變化，如此而已，「本質」並不會有所改變。因此，本書所介紹的概念或者說是本質就更顯重要。

　　最後，誠摯地希望各位能用「自己的語言」，將本書提供的促銷概念化為「自己的東西」，並盡可能地加以運用。

2011年10月

堀田　博和

商品促銷全攻略

 目 次

Part1　提升商品的價值感

01　實施「○○到飽」 003
01▷消費一定金額就能夠無限享受／02▷採取年費、月費或單日消費等固定的收費標準／03▷讓顧客在一定條件內可以任意享用

02　尋找「需要幫助的人」 004
04▷尋找需要幫助的人並發掘其中隱藏的需求／05▷主動對左右張望的人攀談／06▷將解決問題的對策商品化

03　組合數種商品以整套的形式加以販售 005
07▷依特定主題組合商品成套銷售／08▷將數個同樣的商品包裝在一起販售／09▷將讓生活便利的商品加以組合販售／10▷銷售由專家所挑選的推薦商品組／11▷把所有必備商品組合販售

04　針對顧客覺得麻煩的事項提供服務 007
12▷將顧客覺得麻煩的事情轉變為商品／13▷思考可以讓顧客更省事的服務／14▷將顧客平時自行解決的事情轉化為服務

05　提供顧客「最想獲得的資訊」 008
15▷瞭解想傳達的資訊和想知道的資訊之間的差異／16▷收集疑慮與問題，以提供更詳細的資訊／17▷隨時更新經常被詢問的內容與資訊

06　將「顧客感受到的價值」提升至最大 009
18▷發掘顧客真正的期待／19▷以可以讓顧客做想做的事為訴求

07　重新檢視顧客帶走的物品 010
20▷製作數種不同形式的收據或發票／21▷製作數款信封、紙袋／22▷在消費明細上增加其他訊息／23▷把座位牌、鑰匙卡等變成創造回憶的道具／24▷在店家介紹卡（名片）上加上網址／25▷提供可以讓顧客帶走的菜單或價目表

08　預先準備好顧客「接下來會想要的東西」 013
26▷將顧客接下來想要採取的行動列成服務項目並提供服務／27▷提供代替顧客採取後續行動的服務／28▷提供可以節省事前準備工作的服務

09　請了解同樣事物不會帶給顧客持續的滿足 014
29▷提供可以讓顧客感受到季節或時令的事物／30▷提供每天更換或每月更換的菜單／31▷讓顧客知道有不定期或定期的變動／32▷添加流行或受歡迎的要素

10　添加媒體喜歡的「意外」元素 015
33▷構思用「竟然○○！」來呈現內容的企劃／34▷添加讓人懷疑自己聽錯、令人驚呼的「要素」／35▷提供數倍以上的分量或尺寸／36▷將價格降至一般費用的1/3以下／37▷設定通常價格10倍的訂價來開發商品

11　讓顧客能夠更容易使用 017
38▷提供省卻麻煩的功能（服務）／39▷大膽地簡化功能／40▷單手（一指）就可以操作／41▷讓商品方便攜帶（可以帶著走）

12　讓顧客更方便外帶 019
42▷設計外帶組合／43▷製作成方便外帶的外型（包裝、紙袋）／44▷提供配送或宅配服務／45▷可一次就將整批商品帶回家

13　讓商品更容易食用 021
46▷改良成用單手就能享用／47▷不需要筷子、叉子就可以享用／48▷製作成一口（就能吃完）的大小／49▷提供不同分量讓顧客選擇／50▷將刺激性強的味道變溫和

14 讓顧客在「體驗前」了解商品的優點 ………………………………………………… 023
　　51 ▷在顧客體驗（消費）前說明講究的細節／52 ▷預先公開商品的詳細資訊／53 ▷在顧客體驗前簡要地口頭說明商品的優點

15 Live（現場直播）化 …………………………………………………………………… 024
　　54 ▷讓顧客看見商品的製作過程／55 ▷將作業的過程變成一種表演／56 ▷讓顧客可以透過螢幕看見維修與加工的過程／57 ▷在顧客面前完成最後一道工序

16 以最有說服力的「故事」傳達商品的優點 ……………………………………………… 025
　　58 ▷以帶有感情的方式傳達使用前後的劇烈變化／59 ▷傳達問題獲得解決之後的幸福感／60 ▷傳達從煩惱與痛苦解脫之後的情感

17 改變形狀與素材做出令人驚訝的商品 …………………………………………………… 027
　　61 ▷與一般形狀不同的構造／62 ▷提供以令人意想不到的素材做成的容器等等／63 ▷讓外觀看起來就像別的東西／64 ▷做成不同以往的顏色

18 讓作業的過程可以被看見 ………………………………………………………………… 028
　　65 ▷利用有形道具呈現無法被看見的作業過程／66 ▷在可以被看見的場所設置表示作業完成的道具／67 ▷對烹調方式或背後費工夫的部分加以解說／68 ▷讓實際的作業過程可以被看見

19 讓顧客在家也能享用 ……………………………………………………………………… 030
　　69 ▷提供到府（外送）服務／70 ▷透過郵購或網購（寄送商品）等方式銷售商品／71 ▷可以直接將商品帶回家／72 ▷製作在家也能享用的禮盒組／73 ▷販售差一道手續就能完成的商品／74 ▷在家就能欣賞戲劇等影片

20 以商品「購買前後的服務」增加差異 …………………………………………………… 032
　　75 ▷為購買商品前的狀況增添價值／76 ▷為購買商品後的狀況增添價值／77 ▷為購買商品前後的狀況都添加價值

21 將商品擬人化 ……………………………………………………………………………… 033
　　78 ▷利用人形讓商品立體化／79 ▷將傳達訊息的道具做成人形／80 ▷以「○○君」、「小○○」稱呼增加親近感／81 ▷做成動畫或插畫風的角色

22 所有的一切都要以「顧客觀點」呈現 …………………………………………………… 035
　　82 ▷以顧客們交談的聲音為訴求／83 ▷活用顧客無意識的自言自語／84 ▷想像顧客的頭上裝設了相機／85 ▷站在顧客位置實際感受顧客的視線／86 ▷將顧客真實的情感轉化為文字加以運用

23 最初及最後的接觸都要特別用心 ………………………………………………………… 037
　　87 ▷加強與顧客最初接觸的訓練／88 ▷加強最後的問候（訊息）／89 ▷用心準備顧客享用的第一道餐點／90 ▷用心準備顧客享用的最後一道餐點

24 活用平時不使用的空間或時間 …………………………………………………………… 038
　　91 ▷有效運用屋簷下與店外的空間／92 ▷利用停車場與屋頂作為活動會場／93 ▷善用閒置大樓（出租場所、房間）／94 ▷活用傳單、名片與信封的背面／95 ▷思考非營業時間可以做的事／96 ▷利用窗戶與外牆作為廣告空間／97 ▷善用店內的設備作為廣告空間／98 ▷善用背景音樂與店內廣播／99 ▷善用給員工（店員）的專屬福利／100 ▷舉辦專家（職人）的研習營或座談會

25 追問真的需要嗎？為什麼需要呢？ ……………………………………………………… 042
　　101 ▷以需要該產品的最大理由為訴求／102 ▷凸顯擁有或沒有該項商品的巨大差異／103 ▷呈現出因為沒有該項產品而感到後悔的慘狀／104 ▷呈現出擁有該項產品之後從心底感到高興的狀況／105 ▷同時呈現出有很高的機率會發生問題，以及問題的解決策略

26 追問現在這樣真的很方便嗎？ …………………………………………………………… 043
　　106 ▷實施希望有人幫忙做○○的問卷調查／107 ▷實施感到不方便的事項的問卷調查／108 ▷添加如果有了會更加便利的東西／109 ▷列出顧客全部的需求並加以回應

Part2　鎖定目標消費者

27　讓顧客幫忙介紹客人 049
110▷為介紹朋友的顧客準備特別的禮物／111▷提供顧客的朋友免費服務（招待）／112▷招待忠實顧客與朋友一同旅行／113▷舉辦能夠邀請朋友參加的派對／114▷舉辦讓顧客與朋友的交流活動／115▷舉辦好評推薦文的募集活動

28　徹底接觸目標顧客 051
116▷實施該項商品本身的贈獎活動／117▷實施與商品有關事物的贈獎活動／118▷舉辦煩惱諮詢的座談會／119▷發送提供有用資訊的電子報／120▷創作能夠體驗免費服務的機會／121▷免費提供該項商品的一部分／122▷贈送高價的附加配件

29　鎖定目標重複出擊 053
123▷將目標具體化以增加接觸機會／124▷創作給特定人士的商品或服務／125▷重複測試調查顧客對哪些事項產生反應／126▷在不同時間點重複接觸／127▷明確展現出××（目標顧客）能夠成為○○（追求的狀態）／128▷對「想做卻做不到的人」提出訴求

30　盡可能提供二十四小時的服務 055
129▷利用自動答錄的功能回覆顧客的詢問／130▷利用電子郵件的自動回覆功能來應對／131▷將一連串應對的訊息製作成動畫／132▷提供二十四小時的電話與郵件申辦服務

31　讓顧客能透過多種不同管道獲得資訊 057
133▷製作簡易版與完整版的地圖／134▷清楚刊載郵遞區號、地址等資訊／135▷刊載電話號碼與免付費電話的號碼／136▷刊載傳真洽詢號碼／137▷刊載網站的網址／138▷刊載QR Code等資訊／139▷介紹附近舉辦、很受歡迎的活動情報／140▷提供容易搜尋的「關鍵字」／141▷刊載諮詢、查詢用的電子郵件地址

32　定期且重複與顧客接觸 060
142▷發送電子報／143▷定期寄發DM／144▷製作情報雜誌並定期發送／145▷定期撥打電話問候／146▷不斷重複定期訪問／147▷提供免費的定期檢查（清潔）服務／148▷贈送印有店名的日常用品

33　在各種情況下叫出顧客的名字 062
149▷在對話中多次提及顧客的姓名／150▷在郵件等文章中提及顧客的姓名／151▷在座位或房間標示顧客的姓名

34　展現出在乎顧客的態度 063
152▷定時出聲詢問顧客的狀況／153▷推薦獨創的特別菜色

35　在有集客力的位置設立販賣點 064
154▷在建築物裡人流較多的通道設置販賣處／155▷借用具有集客力的異業企業（商店）的空間／156▷在具有集客力的競爭對手旁邊設立門市

36　尋求擁有共同利益的協力單位 065
157▷與其他人（公司）合作開發共同促銷的工具／158▷合作促銷彼此的商品或服務／159▷在彼此的廣告中介紹對方的商品／160▷與協力廠商相互利用彼此的良好形象

37　盡量靠近想要購買商品的顧客 067
161▷在目標顧客聚集的建築物周邊設立門市／162▷在目標顧客聚集的場所提供臨時的販售服務／163▷透過網路、手機網站等進行銷售／164▷在目標顧客聚集的活動會場舉辦免費的座談會／165▷開發各種類銷售網路（銷售管道）

Part3　給予提示，讓顧客一眼看見你

38　設計讓顧客可以自然行動的機制 071
166▷讓顧客只看見想讓他們看見的訊息／167▷設置一些機制，讓顧客會在想讓他們看見的東西前方停下腳步／168▷將想讓顧客觸摸的物品放置在容易拿取的地方／169▷在顧客耳邊低語，傳

達真正想要傳達的訊息／170▷在可以休息的地方放置想讓顧客看見的東西／171▷營造可以停下腳步稍微休息的氣氛和場所

39 以「大家都一樣哦」讓顧客覺得安心 073
172▷讓顧客明白許多人跟他一樣有相同的煩惱／173▷讓顧客知道多數顧客的選擇

40 提供顧客從競爭對手產品更換成自家產品的理由 074
174▷將顧客更換品牌的理由當成文案／175▷公布與其他品牌相較後選擇自家商品的理由Best 3

41 首先，想辦法創造「人潮」 075
176▷發送限量贈品給前○○名的顧客／177▷為前○○名顧客打造限量商品（服務）／178▷發送限時的招待券給顧客的親朋好友／179▷讓先到的顧客可以用低於半價的驚人價格享受服務／180▷提供兩人同行的總計花費的優惠折扣／181▷提供人越多賺越多的團體折扣

42 讓訊息更容易被讀取 077
182▷加強明暗的對比／183▷放大文字或標誌／184▷讓色調、色彩更加鮮明／185▷設置在顧客容易看見的位置（高度、地點）

43 以能夠觸動不同感官的方式來呈現 078
186▷直接利用接觸瞬間立刻說出來的感想／187▷呈現立體的形狀與位置關係／188▷將需要豎耳聆聽的聲音化為文字／189▷加強香氣與味嗅要素的表現／190▷專注於表現放在舌尖那一瞬間的感覺／191▷加上嗅覺與味覺的感受來表達味道／192▷使用「色彩」元素呈現視覺的感受／193▷將高興時的「動作與行動」轉化為文字

44 以購買後的顧客是如何地幸福作為訴求 081
194▷讓顧客看見擁有該項商品後的幸福生活場景／195▷展現購買後所發生的好事／196▷讓顧客看見使用商品時滿臉笑容的場面／197▷讓顧客將笑容與商品聯想在一起

45 透過「提問」喚起顧客隱藏的情感 082
198▷詢問顧客「有沒有忘了○○（某件事）？」／199▷詢問顧客「不會想成為○○（想成為的狀態）嗎？」／200▷詢問顧客「不會感到○○（心中不安）嗎？」／201▷提出平時就會感到疑惑的問題／202▷詢問顧客假裝不在意的事項

46 在某些地方使用「手寫文字」 084
203▷製作手寫菜單或型錄／204▷加上手寫姓名或簽名／205▷利用手寫文字加上打勾記號讓重點更醒目／206▷用手寫字寫下「這裡是重點！」／207▷用手寫的方式加上底線或粗線／208▷用手寫文字以「附筆」的方式表現想要傳達的重點

47 將「想要擁有此項商品的最大理由」當成宣傳文案 087
209▷將想要擁有的最大理由作為文案的開頭／210▷善用不加思索就冒出來的自言自語／211▷以描述理想狀態的文字做為宣傳文案

48 強調新商品的「新」 088
212▷設置新品・新發售專區（標示）／213▷設置剛到店的商品專區（標示）／214▷標示剛做好的商品專區

49 以「原本的狀態」來強調新鮮 089
215▷讓顧客看見商品尚未處理乾淨之前的狀態／216▷讓顧客看見處理之前還留有莖或葉的狀態／217▷讓顧客看見出貨或配送時的外箱／218▷讓顧客能透過影片聽見或看見生產者的聲音或影像／219▷用方言或當地的語言來呈現菜單或說明

50 在希望顧客注意的位置增加「強弱・變化」 091
220▷讓背景音樂等聲音突然消失以吸引顧客的注意／221▷忽然將燈光熄滅只留下一處以燈光照射／222▷調高位置以吸引顧客的注意／223▷讓原本不會動的東西動起來／224▷添加藝術氣息／225▷讓顧客只看見想讓他們看見的東西

Part4　引起興趣與刺激欲望

51　讓顧客能夠輕易拿起商品 097
226▷準備任何人都能隨意觸摸的展示品／227▷包裝好的商品也讓顧客能摸得到內容物／228▷讓顧客看見商品使用的材料（零件）

52　安排能夠刺激顧客「童心」的規劃 098
229▷舉辦○○競賽（比賽）／230▷舉辦猜謎活動或猜謎大會／231▷舉辦○○到飽活動／232▷舉辦摸彩活動／233▷設置與○○互動專區／234▷舉辦尋找○○大會／235▷將商品系列化／236▷設計要超越困難才能達成目標的商品／237▷實施○○手作體驗活動／238▷讓多人能夠共享

53　事先針對顧客所有疑問準備答案 101
239▷設置「常見問題（解答）」的單元／240▷在推銷商品時加入疑問與說明／241▷製作預先設想好的問答集

54　讓顧客看見「其他顧客的滿足狀態」 102
242▷在牆上張貼大量顧客滿足的照片／243▷將感到滿意的顧客的訊息做成影像／244▷製作感到滿足的顧客的評論（文）集／245▷以實品或照片展示顧客長期愛用且徹底使用過的商品／246▷在公布欄公開與顧客的互動

55　讓價格更加簡單清楚 104
247▷製作清楚易懂的價目表／248▷製作參考價格、價格試算表／249▷分別標示本體價格與配件的價格／250▷標示分期付款等每月或每日的支付費用／251▷將商品價格訂為一枚硬幣的價格（日幣100元或500元）／252▷將商品價格訂為整數（5000元或1萬元）／253▷製作以價格帶區分的商品專區／254▷從遠處就能看清楚價格的標示

56　構思喚起喜怒哀樂等各種情感的故事 107
255▷談論因為使用商品而得到的快樂經驗／256▷談論發現商品前的不愉快經驗／257▷談論發現商品前的難過經驗

57　讓顧客模擬體驗購買商品後的感覺 108
258▷呈現實際擁有該項商品的快樂生活場景／259▷提供長時間實際試用（使用）的機會／260▷讓顧客不只能看到還能進一步接觸體驗

58　運用「不加以化約的數字」提升信賴度與說服力 109
261▷用數字（百分比）呈現顧客滿意度／262▷呈現商品的科學（實驗）數據／263▷使用具體數字強調材料、成分等相關資訊／264▷以數字呈現具體的銷售業績

59　善用各種可用的排行榜（排名）資料 111
265▷以簡單易懂的方式呈現暢銷排行榜／266▷公開商品別的回購率排行榜／267▷依照年齡、性別製作人氣排行榜／268▷公布某企劃（主題或類別）的排名

60　讓顧客自己動手做 113
269▷讓顧客親自烹調或加工／270▷讓顧客親自採收或捕撈食材／271▷讓顧客可以選擇喜歡的○○

61　利用提問引起顧客的興趣 114
272▷採用謎題或提問式的文案／273▷只要答對問題就可獲得一份（杯）免費商品／274▷連續數週每週變換不同的題目／275▷設計與想傳達的資訊相關的題目

62　添加一個有故事主角般能夠聚焦的故事 116
276▷製作有故事性的短片／277▷利用漫畫增加趣味／278▷設計能夠輕鬆上手的遊戲

63　加強對商品的理解與認識 117
279▷製作與他牌（競爭）商品的比較表／280▷以「確實傳達」為目標修正商品說明／281▷設計在遊戲中學習商品的知識

64 透過與平時不同的氛圍讓顧客擁有非日常的體驗 118
　282▷在屋頂或停車場提供服務／283▷讓顧客站著就能享用／284▷在工廠或倉庫舉辦特賣活動／285▷在限定時間提供VIP（高級）服務

Part5　確實傳達訊息

65 讓顧客聽（看）一遍就能理解 123
　286▷使用沒有贅字的短句／287▷直接將漢字轉換成平假名／288▷將句子反覆誦讀確認是否能夠朗上口／289▷使用一看就能理解的文句／290▷傳達這是會讓○○想要做××的△△（商店）／291▷使用人體的尺寸來說明／292▷利用目標顧客平常使用的語言來說明

66 準備能幫助顧客順利抵達目的地的指示道具 125
　293▷準備一組大範圍地圖與放大周邊區域的地圖／294▷使用聲音、影片來說明交通資訊／295▷在周邊設置附有指引箭頭的看板／296▷以文字或照片說明從最近車站前來的路徑／297▷詳細刊載附近車站、郵遞區號、地址等資訊

67 讓顧客更容易選擇 127
　298▷讓顧客能夠整組（套）購賣／299▷將顧客想要拿來比較的商品陳列在一起／300▷在周邊陳列相關商品／301▷讓顧客能夠想像出購買商品後的狀態／302▷向顧客說明選擇標準或挑選的方式（重點）

68 不要同時對許多人宣傳 129
　303▷使用只對一個人說話的表達方式／304▷構思讓一個人感動的訊息／305▷常在話語（文章）中使用「你」／306▷利用某些條件區隔出訴求的對象／307▷傳達特定的人士熱情分享的內容

69 將效果（結果）清楚呈現 130
　308▷刊登可以了解使用前後差別的照片／309▷以圖（表）呈現效果與使用結果／310▷製作愛用者（使用者）感想專區／311▷公開使用者問卷調查結果或意見與感想等／312▷委託具公信力的調查機構進行實驗或效用檢測／

70 首先，先表達感謝 132
　313▷發送附有特殊優惠的「感謝訂購卡片」／314▷在文章開頭就先表達感謝／315▷製作向顧客表達謝意的佳句（問候）集／316▷問候的內容從感謝訂購、購買開始

71 傳達的方式要讓顧客覺得彷彿在現場感覺或體驗 134
　317▷直接利用感動的瞬間所拍攝的影像作為宣傳的素材／318▷感性地表達商品的優點、客觀地呈現來源依據／319▷在體驗之前先利用影像來說明

72 「一而再再而三」地傳達真正想要傳達給顧客的訊息 135
　320▷在對話中數度提及想傳達的訊息／321▷想傳的訊息利用關鍵字不斷重複／322▷把想讓顧客記住的關鍵字設計成謎題

Part6　引導消費者採取特定行動

73 善用「3的魔法」 139
　323▷製作需要收集3點的集點卡／324▷製作三件式組合／325▷舉辦任選3件的特賣活動／326▷將商品的優點濃縮成三點以便於宣傳

74 讓顧客可以「一次買更多」 140
　327▷舊品折抵優惠活動／328▷將好幾件商品包裝在一起銷售／329▷提供消費滿○○元以上免費配送服務／330▷準備購物籃、購物車與手推車／331▷為帶小孩的顧客準備嬰兒車／332▷設置供孩童遊玩的兒童區／333▷設置置物櫃或寄物區

75 用言語說出希望顧客一定要做的事 143
　334▷由衷期待再度「光臨」／335▷下次請一定要嘗試（訂購）○○／336▷請立即○○（來電、訂購、預約）／337▷最後，請千萬不要記這個／338▷首先，請先試著○○（體驗、感受）／339▷請務必○○此一大好機會

76 讓顧客能夠更容易進行下一個步驟 ……………………………………………………… 145
340▷推薦（銷售）顧客進行下一步驟所需要的商品／341▷發送指南（手冊）給使用者／342▷提供與購買相關「什麼都能問的免費諮詢服務」／343▷提供代辦各種手續的服務／344▷將必需品組合成套（作為服務）

77 準備好「選項」供顧客選擇 …………………………………………………………… 147
345▷反覆詢問「哪個比較好呢？」／346▷刻意準備兩個以上的選項／347▷準備不同價位的商品（服務）

78 在顧客面前「實際示範模擬」 ………………………………………………………… 149
348▷當場示範讓顧客參考／349▷給顧客看見其他客人撥打電話（購買）的畫面／350▷讓顧客看見填寫訂購單（申請書）的場面／351▷讓顧客看輕鬆料理（操作）的場面

79 將顧客的詢問視為最大的商機 ………………………………………………………… 150
352▷接到顧客來電立刻撥／353▷利用電話進行簡單的問卷調查／354▷提供獎金給讓來電諮詢的顧客簽約的員工／355▷準備好接到來電諮詢時要推銷的商品／356▷提供特別優惠給電話預約者／357▷準備來電諮詢的專屬優惠（贈品）／358▷透過電話告知獲得特別優惠的關鍵字／359▷準備打電話才能利用的特別服務項目

80 總之先請顧客「試試看」 ……………………………………………………………… 153
360▷為試用活動準備能吸引顧客的特別優惠／361▷設置試衣間（Fitting Room）／362▷在各處裝設鏡子方便顧客確認自己的模樣／363提供商品的正貨（樣品）／364▷舉辦試吃活動／365▷準備體驗用的「試用品」／366▷募集免費體驗商品的試用者／367▷首次消費金額全額現金回饋

81 金額不多也無妨，先讓顧客「決定購買」 …………………………………………… 156
368▷為新手（初學者）準備低價商品／369▷降低基本費將追加部分變成可自由選擇的項目／370▷銷售不會造成顧客太多負擔的小份・少量・低價商品／371▷將商品依照價位由低到高排序分類／372▷提供首次消費的顧客專屬的試用價或其他特別優惠

82 讓付款更加容易 ………………………………………………………………………… 158
373▷提供信用卡分期付款服務／374▷降低各種手續費／375▷讓顧客可以利用電子錢等多種卡片消費／376▷讓再次購買變得更加容易／377▷提供帳戶自動扣款服務

83 讓顧客更容易走進店裡 ………………………………………………………………… 160
378▷敞開大門提高亮度／379▷從入口便能看清店內的狀況／380▷盡可能消除入口或通道等處的段差／381▷加寬入口前的通道讓入口更明顯／382▷在往入口的方向標示→（箭頭）符號

84 讓申辦（訂購、購買）更加容易 ……………………………………………………… 162
383▷提供各種申請方式／384▷準備申請專用欄位簡單的申請表／385▷已登入網站的會員在訂購時會顯示前次訂購的資訊／386▷利用序號（代碼）訂購／387▷讓顧客透過終端機等裝置直接在座位點餐／388▷製作有列出菜單的點餐紙

85 讓顧客看見「賣得很好的證據」 ……………………………………………………… 164
389▷傳達庫存減少的實況／390▷標註完售商品／391▷公開訂購數、預約數等相關資訊

86 設計提早行動可以獲得優惠的機制 …………………………………………………… 165
392▷提供早鳥優惠／393▷依先後順序提供優惠給前○名申請的顧客／394▷製作預售專屬商品（預售票）／395▷依照先後順序給予不同等級的優惠／396▷越早訂購可獲得越多折扣

87 提供可以採取行動的「動機」 ………………………………………………………… 167
397▷傳達前一位與下一位顧客的購買情況／398▷服務過程中提供其他的服務項目選單／399▷讓顧客有機會得知其他顧客的訂購內容／400▷詢問是否需要（追加）○○／401▷特別準備極具魅力的優惠給當日消費的顧客／402▷致贈僅限當日使用的禮券（折價券）／403▷購買時以抽籤決定折扣

88 帶領顧客跨越「首次進入的門檻」 …………………………………………………… 169
404▷提供首次○○半價（免費）服務／405▷僅限首次購買享有的○○現金回饋／406▷首次消費，

兩人同行一人免費／407▷不滿意則無條件退費服務／408▷○個月××免費的服務／409▷設定「免費試用期間」／410▷首次訂購時○項商品免費

89 讓顧客覺得很難買到 ... 172
411▷展現取得商品所花費的工夫與心血／412▷以過於暢銷作為缺貨的理由／413▷以具體數據證明商品的稀有

90 準備顧客也認同的「購入關鍵（理由）」 ... 173
414▷為顧客設想購買的理由／415▷邀請該領域值得信賴的人推薦商品／416▷告知這是唯一的機會／417▷強調這是針對特定顧客所設計的商品／418▷依照年齡、性別來設定價格／419▷讓顧客明白某個行動會為他帶來什麼樣的利益或損失

91 不要拘泥於特定銷售形式 ... 175
420▷讓顧客在任何情況下都能購買商品／421▷銷售半成品（刻意製作到一半的商品）／422▷銷售瑕疵品、次級品／423▷將製造過程中產生的副產物（加工）販售／424▷可以租賃（共享）／425▷銷售加工（烹調）前的原料與食材／426▷將招牌的元素角色化並製作周邊商品／427▷廚師、技術人員等的派遣（出差）服務／428▷出借商店部分空間或閒置的空間／429▷出借公司使用的系統／430▷舉辦收費研討會（座談會）教授自家的Know-How／431▷為其他目標客層相同的公司代售商品／432▷銷售樣品、展示品、被退回的商品／433▷改裝時銷售原本在店內使用的裝飾品與小東西／434▷介紹只有消費的顧客才能加購的特價品

92 思考商品銷售會經歷哪些階段 ... 180
435▷重新修正成交前不同銷售階段的步驟／436▷設計數種不同模式的銷售階段組合

Part7 提供持續的滿足

93 設計讓顧客「想再次光臨的機制」 ... 185
437▷競賽結果數日後才在店內公布／438▷在店面交付（畫框、杯子等）作品／439▷數日後在店內發表抽獎結果並遞交贈品／440▷將下次消費可用的高額折價券當成贈品／441▷準備下次來店可獲得的豪華贈品／442▷（透過其他媒介）邀請顧客再次光臨／443▷拍攝記念照片並加工處理，待顧客再次光臨時致贈給顧客

94 「將所有與顧客的接觸」都視為重要商品 ... 187
444▷重新檢視會觸及顧客心理層面的所有的接點／445▷重新檢視建築物內外的「物理接點」／446▷備有可供顧客脫鞋放鬆的座位／447▷讓所有員工都成為服務人員

95 針對「不能」提出「可以」的替代方案 ... 188
448▷提供「如果○○就可以」的替代方案／449▷事先準備好沒有列在菜單上的替代選項／450▷在正規菜單中加入眾多顧客要求或期待的品項

96 將顧客想像成「居住在遠方的母親」 ... 190
451▷將顧客置換成打從心底重視的人／452▷寫出想為重視的人「做些什麼」／453▷以認識你真好的心情接待顧客

97 創造顧客之間的羈絆（連結） ... 191
454▷讓顧客之間的連結更加明確並形成網絡／455▷讓特定類型的顧客社群化／456▷製造一起參與特殊體驗的機會／457▷提供特別優惠給組成團體（使用團體卡）的顧客

98 對「忠實顧客」提供最徹底的服務 ... 192
458▷讓忠實顧客獲得明顯有別於其他顧客的禮遇／459▷為忠實顧客舉辦搶先特賣活動／460▷舉辦只有忠實顧客可以參加的特別集會／461▷為忠實顧客準備生日折扣（禮物）／462唯有忠實顧客才能享有的免費○○服務

99 成為顧客依賴的對象 ... 194
463▷針對顧客覺得麻煩的事物提供服務／464▷販售讓你什麼都不用做的全套組合／465▷將所有顧客需要做的事情列成選購清單

100 提供持久的保證 ... 196
466▷提供無條件維修服務等保證／467▷提供收購舊機保證／468▷提供品質保證（品質鑑定證

明）／469▷附加（相關）服務的保證

101 轉述其他消費者的喜悅以消除顧客購入後的不安 ... 197
470▷寄送集結顧客正面回饋的小冊子／471▷在顧客顧客購買後進行訪問，傳達其他顧客的滿意評價／472▷聚集對商品滿意的顧客成立社群／473▷舉辦給消費顧客的集會活動（派對）／474▷聽取忠實支持者的想法

102 將與顧客同行的兒童視為商機 ... 199
475▷將兒童視為成人來對待／476▷製作兒童專用的商品或商品型錄／477▷準備兒童專用的可愛道具／478▷收集兒童相關資訊推出新的服務／479▷準備兒童專屬接待空間／480▷為兒童拍攝記念照片做為禮物／481▷將兒童的姓名寫在餐盤或料理上／482▷只要收集××即可獲得小朋友最喜歡的○○／483▷讓員工一起幫小朋友慶生／484▷在需要等待時，讓孩童專注於玩樂之中／485▷將孩童所畫的人像與插畫運用在廣告上／486▷準備角色扮演（扮裝）的服裝／487▷免費招待與顧客同行的兒童

103 致贈有紀念意義的「伴手禮」給初次前來的顧客 ... 204
488▷在顧客離開之前遞上手寫小卡片／489▷致贈註明初次消費日期的記念品

104 特別禮遇女性顧客 ... 205
490▷用各種手段讓女性顧客享有「公主」般的待遇／491▷準備女性專屬選單／492▷女性專用（男賓止步）／493▷一同前來的女性人數越多特別優惠就越多

105 以笑容、笑容還有笑容接待顧客 ... 206
494▷即使顧客離開後也要繼續保持笑容／495▷在顧客看不見的地方擺放鏡子／496▷讓顧客為員工的笑容投票

106 提供意外的驚喜 ... 208
497▷顧客專屬的特別席／498▷提供可以誘使顧客緬懷往日時光的事物／499▷讓顧客欣賞意想不到的景致（裝飾）／500▷提供菜單裡沒有的品項作為禮物

Part 1

提升商品的價值感

　首先你一定要做的事就是盡可能提升你所提供的商品（服務）的價值。且絕對不能忘記「決定商品價值的永遠是顧客」。所以即便你對商品再有自信，覺得商品多麼完美，若是眼前的顧客無法感受它的魅力，就等同於完全沒有價值。

　正因為如此，我們必須盡可能仔細收集顧客資訊，了解在顧客眼中，什麼樣的事物具有價值？他們在追求什麼？對哪些事物感興趣？

　掌握了顧客追求的事物，並理解在顧客眼中什麼樣的商品才有價值之後，就必須設法讓商品價值最大化。請透過各種提升商品價值的表現手段與機制，全力讓顧客感受到商品的價值與魅力。

01 實施「○○到飽」

如果能以最小的付出（價格）獲得最大的收穫，顧客當然會感到愉悅。用固定價格提供無限享受的「○○到飽」，因為獲得的明顯多於付出，當然就能夠取悅顧客。所以請提供價格簡單明瞭，能夠安心「○○到飽」的機制來吸引顧客吧。

01 消費一定金額就能夠無限享受

例：
- ▶○○吃到飽　▶○○喝到飽　▶○○無限次搭乘
- ▶○○無限次遊玩　▶○○打到飽　▶○○用到飽
- ▶○○看到飽

Point
- ●設定令人感到物超所值且簡單明瞭的價格
- ●同時呈現價格與菜單的豪華度或豐富度
- ●配合可以選擇的等級或種類，準備幾種階段式的定額套裝產品，以提高客單價

02 採取年費、月費或單日消費等固定的收費標準

例：
- ▶1年的總費用不到○○元　▶1個月內不限次數只要○○元
- ▶單日不限次數××元　▶○○元即可獲得2年保固

Point
- ●利用長期定額收費來留住顧客
- ●讓顧客知道期間加長，就更能夠以各種美妙的方式享受樂趣
- ●設定期間越長就越划算（有打折的感覺）的收費方案，並用具體範例說明長期契約的優惠額度會比短期契約多多少

03 讓顧客在一定條件內可以任意享用

例：
- ▶整袋（箱）隨你裝到滿
- ▶喜歡的商品任選○種
- ▶○項商品任意組合只要××元

Point ◉決定好一定條件（箱、袋、種類、數量等）後，讓顧客可在此條件下自由享用
◉強調可以依個人喜好自由組合
◉讓顧客知道價格及分量都比購買單品更划算
◉讓顧客看到實際挑選的範例或分量

02 尋找「需要幫助的人」

顧客需要幫助時，一定會表現出某些跡象。隨時留意顧客產生變化的細微跡象，調查顧客在什麼樣的地方？有什麼樣的困擾？以及有哪些解決對策？其中隱藏著哪些需求？請隨時尋找這些需要幫助的人。

04 尋找需要幫助的人並發掘其中隱藏的需求

例 ▶指定客服人員專責接待　▶尋找需要幫助的顧客
▶詢問顧客的困擾

Point ◉詢問需要協助的事項，將答案當作需求的情報靈活運用
◉將解決顧客的困擾的對策作為共享的情報
◉是不是經常為同樣的事情感到困擾？是否經常有同樣的煩惱？帶著這些疑問去發掘真正的需求

05 主動對左右張望的人攀談

例 ▶主動與忽然轉頭或改變視線方向的人攀談
▶主動與停下腳步的人攀談

Point ◉留意顧客突然改變的動向
◉頭、身體等方向改變時，就是行動的前兆
◉看到四下張望在尋找什麼的動作，就要立刻上前應對
◉顧客放慢走路速度時，就表示有東西引起他的興趣

06 將解決問題的對策商品化

例 ▶解決○○困擾的小道具　▶消除○○不適的服務

▶○○都適用的組合包　▶安心○○的服務

▶解除○○不安的組合

Point
- 引進（販售）可以解決顧客困擾的服務
- 解決困擾的方法→研究利用這類顧客的需求開發新商品（額外付費的附加服務）
- 向顧客強力宣傳有這樣的（付費）服務可以輕易解決可能發生的問題或困擾

03 組合數種商品以整套的形式加以販售

顧客有各式各樣的購買方式。但光是購買自己知識範圍內覺得需要的商品，不見得會覺得滿足。為了達成某個目的，顧客會期望能購買所有需要的商品。請站在顧客的角度，盡可能提供符合顧客需要的組合，讓顧客能夠更簡單、更輕鬆地購買。

07 以特定主題組合商品成套銷售

例 ▶春季○○組合　▶好男人○○組合

▶夏季外出○○組　▶冬季○○鍋組

▶考生加油○○組

Point
- 製作話題性（流行）主題，或讓生活便利的組合包（特惠組）
- 以季節或當季的印象為主題來組合商品
- 以特定的人（符合某種條件的人）會感興趣的主題來組合商品
- 組合販售的商品在價格面也提供優惠

08 將數個同樣的商品包裝在一起販售

例
- ▶超值○入組　▶整箱（整盒）販售
- ▶販售一盒○個裝　▶○公斤裝超值組
- ▶○根裝

Point
- ◉將數個同樣商品以超值包的形式包裝販售
- ◉以大袋或大箱（盒）的單位銷售
- ◉故意將提高單品的價格，或不單獨販售，只提供幾個一組的價格與購買選擇
- ◉以有分量感的重量（10kg、1kg等）或數量（50個、100根）為單位的包裝販售

09 將讓生活便利的商品加以組合進行販售

例
- ▶一個人生活加油組
- ▶主婦救星輕鬆○○組　▶○○修護商品組
- ▶○○精選道具組

Point
- ◉將讓生活便利的商品集合起來，從中挑選組合，成套販售
- ◉傾聽顧客的意見，從中獲取製作商品組合的靈感
- ◉構思有了就可以節省時間的商品組合
- ◉根據顧客實際購買的狀況構思便利的組合

10 銷售由專家所挑選的推薦商品組

例
- ▶必勝穿搭組　▶嚴選保養組
- ▶專家嚴選○○組　▶主廚精選○○組

Point
- ◉強調是由職人或專業人士挑選出來的推薦商品
- ◉把專業人士實際愛用的品項放在商品組合中販售
- ◉用專業的角度說明為何選擇這項商品

11 把所有必備商品組合販售

例
- ▶急難救助道具組　▶有了這些就萬事OK的○○組
- ▶拋棄式○○組　▶一勞永逸○○組

Point ◉把在某種狀況下可能需要的所有東西加以組合販售
◉強調如果沒有就會如何地不便
◉利用實例說明幸好有這些東西的存在讓許多人因而得救
◉把可以讓外出時更好攜帶的道具（袋子、盒子）放在一起銷售

04 針對顧客覺得麻煩的事項提供服務

在顧客採取的行動中，一定有些是讓顧客覺得無可奈何、不甚情願，而且大多時候就連店員也覺得麻煩的事。但也因為如此，只要針對這些麻煩的事物提供服務，就能有效地取悅顧客。所以請把顧客不想去做、覺得麻煩的事情變成一種服務吧。

12 將顧客覺得麻煩的事情轉變為商品

例 ▶估價流程一次搞定服務　▶價格比較服務

▶資料檢索服務　▶代送服務

▶代辦活動服務

Point ◉寫下顧客要做的事情中比較麻煩的部分
◉思考如何把這些令人感到麻煩的行為或行動轉變為商品（服務）提供給顧客
◉提供替顧客詳細調查（代為處理）某類資訊的服務

13 思考可以讓顧客更省事的服務

例 ▶整體搭配服務

▶續攤店家一併預約申請

▶必要事項一次申請服務

Point ◉ 把與商品或服務有關,顧客在購買前後會做的事都寫下來
◉ 在這在些實情當中,可以減省的或是可以代為處理的事項,都可以作為新的服務提供給顧客
◉ 強調因減省動作或行動而變得更方便的價值

14 將顧客平時自行解決的事情轉化為服務

例 ▶ 家事服務、洗衣服務、代煮服務、托育服務、餐廳(住宿)預約服務

Point ◉ 把顧客日常的動作或作業寫下來
◉ 檢討在這些事項中,有沒有能夠代為處理而且這樣的服務本身具有價值的東西,或是有沒有這樣的需求
◉ 雖然理所當然該由顧客自己處理,但若能代為處理顧客會非常高興,試著從這個角度來提出點子

05 提供顧客「最想獲得的資訊」

顧客真正想要獲得的資訊,往往並不是商品本身的詳細資料,而是可以達成特定目的或解決特定問題的各種情報,因此要先了解顧客是為了什麼目的或有什麼問題,再針對這些目的或問題準備必要的資訊,介紹商品時一起介紹給顧客。

15 瞭解想傳達的資訊和想知道的資訊之間的差異

例 ▶ 知道就賺到情報站　▶ 常見問題排行榜

▶ **大家最想知道的情報在這裡!**
◉ 把想傳達的資訊寫出來,依顧客想知道的程度排出優先順序
◉ 把顧客常見的問題以排行榜的形式加上答案一起顯示
◉ 以顧客的觀點,把顧客想知道的資訊當成最主要的資訊

16 收集疑慮與問題，以提供更詳細的資訊

例 ▶請把你的疑慮告訴我單元

▶回答你的疑慮和提問單元

▶提出疑慮或問題，就可獲得折扣的活動

Point
- 進行了解顧客最想知道的事情的調查（活動企畫）
- 募集疑慮或問題，並提供折扣等特惠給參加者（活動企畫）
- 刊載疑慮或問題的解說或資訊時要盡量詳細，在型錄或廣告單的解說文字也要重新檢視調整

17 隨時更新經常被詢問的內容與資訊

例 ▶最近較常出現的詢問單元

▶這類的問題很常見

▶大家的提問留言板

Point
- 讓最新的提問內容立刻被知道
- 彙整刊載最近新增的詢問內容
- 在留言板等處，讓顧客可以輕易地即時閱覽大家的詢問與答覆
- 讓關於最新的詢問和答案等的更新資訊更加一目了然

06 將「顧客感受到的價值」提升至最大

顧客想要什麼？即使看見相同的事物，每個人感受到的價值也不同。特別是關於某種利益或價值時差異更大。正因為如此，你必須掌握目標客層真正想要的是什麼，並將商品提供的好處（價值），以最能令人認同的方式加以傳達。

18 發掘顧客真正的期待

例
- ▶實施問卷調查請顧客告訴我們他選擇的理由
- ▶舉辦「如果有這種服務該有多好！」的活動
- ▶募集顧客想要的服務

Point
- ●實施請顧客提供三個選擇理由的問卷調查，並給予特別贈品做為獎賞
- ●募集顧客希望有的服務，並當場贈予回答者特別獎品，之後實際採用多數人想要的服務

19 以可以讓顧客做想做的事為訴求

例
- ▶強調「簡單就能○○！」
- ▶歡迎○○來參加！　▶請自由地○○
- ▶請盡情地○○

Point
- ●以顧客想做的事都可以盡情去做為訴求
- ●活用盡情地、自由地、充分地、輕鬆地等關鍵字
- ●強調「如果在這裡就能夠盡情享受○○」等
- ●以「可以使用○○到滿意為止」來招攬顧客

07 重新檢視顧客帶走的物品

顧客總是會帶回家、會留作紀念、或是可以讓顧客帶回家的物品，是哪些東西呢？即使是小東西，只要是任何能夠與顧客產生連結的物件（道具），都請透過不同的使用方式，盡可能靈活運用作為與顧客溝通的管道。

20 製作數種不同形式的收據或發票

例
- ▶在收據或發票上留下感謝的話　▶在收據或發票上印製折價券
- ▶在收據或發票上宣傳新菜單　▶製作不同型式的收據

Point ◉思考收據或發票的空白處可否用來傳達其他訊息
　　　◉印製下次來店時可以使用的優惠或折價券
　　　◉製作幾款不同設計或填寫方式的收據，讓顧客可以選擇

21 製作數款信封、紙袋

例 ▶會讓人想擁有的紙袋設計

　　▶準備幾種適用於不同情境的紙袋

　　▶把廣告印在信封上　▶附有折價券的信封

Point ◉同時準備數款設計花俏與設計樸實的紙袋
　　　◉讓紙袋成為店的廣告
　　　◉把信封本身當成廣告空間加以利用，介紹新商品的訊息
　　　◉把下次消費可使用的優惠或折價券印在信封上

22 在消費明細上增加其他訊息

例 ▶在消費明細加入感謝的話

　　▶下次消費時把明細帶來就可享有特別優惠

　　▶在明細上設計趣味問答並贈送小禮物

Point ◉在無趣的消費明細加上一些訊息
　　　◉在機器列印的明細中，加上一句手寫的話
　　　◉把明細當成促銷工具，介紹新的服務
　　　◉下次消費時攜帶明細就可以享有折扣等優惠
　　　◉在明細上加上公司網址等資訊

23 把座位牌、鑰匙卡等變成創造回憶的道具

例 ▶在寫了名字的座位卡加上日期或其他訊息

　　▶在鑰匙卡印上日期或風景照片

　　▶準備讓顧客可以帶回去的備用品（小物品）

Point ● 在顧客專屬的東西上留下一些訊息
● 在有紀念性的東西上填入日期,並讓顧客自己可以寫一些話
● 在顧客會拿在手上的道具或卡片加入季節感或風景等充滿情調的元素

24 在店家介紹卡(名片)上加上網址

例 ▶ **把店家的介紹卡放在桌上或櫃台上**

▶ **把店家的介紹卡做成杯墊**

▶ **請工作人員發送名片,而名片背面印有店家的介紹**

Point ● 將介紹店家的名片製作成較大的卡片,放在讓顧客可以隨意拿取的地方(餐桌、廁所、櫃台)
● 把店家的資訊製作成圖像(圖片訊息)讓顧客可以下載
● 在網頁或手機網站就可以簡單地查詢詳細資訊

25 提供可以讓顧客帶走的菜單或價目表

例 ▶ **可以帶回家的小型價目表**

▶ **在網頁或手機網站上就可看到菜單**

▶ **能夠以動畫的形式看到服務項目**

Point ● 把服務的價目表或內容項目製作成可以被帶走的廣告單等形式
● 把菜單放在網站上,讓顧客無論在什麼地方都可以確認內容
● 利用影音網站,以動畫的形式讓顧客無論在何處都可以看到服務的項目

08 預先準備好顧客「接下來會想要的東西」

隨著時間流逝與環境（情況）變化，顧客想要的東西也會有所變化。當顧客對某物感到滿足之後，就會想要其他的東西。所以要能夠預測顧客接下來想要的東西、接下來會採取的行動，並且要在顧客面前，讓他看見他想要的東西，或讓他驚喜地注意到他想要的事物，溫和地誘導顧客前往你希望他前往的方向。

26 將顧客接下來想要採取的行動列成服務項目並提供服務

例 ▶ 販售可以搭配服裝的飾品

▶ 餐飲店販售可供外帶的商品（甜點等）

▶ 飯店銷售各種票券

Point
- 想像眼前的顧客接下來會想要的東西，或是接下來會採取的行動，寫下這些需求
- 研究是否可以將需要的東西商品化或變成服務
- 想想看是否有什麼東西，會讓顧客接下來的行動更便利

27 提供代替顧客採取後續行動的服務

例 ▶ 家電用品的各種設定服務

▶ 代為預約（企劃）續攤或派對的服務

▶ 不動產業者提供搬家的仲介服務

Point
- 思考是否可以在顧客接下來的行動中提供代辦的商品或服務
- 思考顧客在未來一個月、半年、一年中，不同時期採取的行動中所需要的代辦商品或服務

28 提供可以節省事前準備工作的服務

例 ▶ 幫忙決定要搬家的顧客處理不要的物品

▶ 送貨時一併回收舊商品 ▶ 代為製作邀請函或負責接待的服務

013

Point ◉決定購買某商品（或簽約）時，若接下來有非辦不可的手續或作業，請研究是否可以將它變成商品（服務）
◉強力向顧客宣傳有提供更加省事的服務
◉把可以更省事的服務當成購買時的附加優惠
◉對顧客說明這些程序有多麼費事

09 請了解同樣事物不會帶給顧客持續的滿足

即使是現在覺得滿足的顧客，大多數心裡一定也會慢慢出現「沒有感覺」或「膩了」的想法。因此在那之前，必須主動向顧客提供稍微有些變化或有新意的方案。對於容易覺得厭煩的顧客，請一定要反覆提供比現在更好、更新、更有變化的事物。

29 提供可以讓顧客感受到季節或時令的事物

例 ▶在菜單標題加入季節　▶現在當令的○○商品
▶搶先換季・當季新品（菜單）區

Point ◉寫下可以讓人感受到季節的東西
◉試著問自己「現在正是什麼的季節？」
◉走出戶外留意有季節感的事物
◉使用可以讓人感受到季節的裝飾、展示或陳列，讓顧客的心緒也充滿季節（感）或當季的風情

30 提供每天更換或每月更換的菜單

例 ▶今日特餐　▶每日午餐
▶今日推薦○○　▶本月的推薦行程
▶本月的特別○○

> Point ◉ 確實讓顧客知道有每日或每月更換的商品
> ◉ 每日更換的商品可以設定優惠的價格，或是以限定數量等方式提高價值
> ◉ 讓顧客知道（事先預告）下次的每日或每月商品的內容或預定

31 讓顧客知道有不定期或定期的變動

▶ **不定期更換賣場陳列或商品**

▶ **提醒顧客賣場或商品組成的變化**

▶ **改版（改裝）特賣**

> Point ◉ 了解顧客大概的來店週期，配合週期預先調整賣場的陳設
> ◉ 賣場的調整要使經常光顧的顧客，也能夠發現好像哪裡有變化，好像多了些不一樣的東西
> ◉ 偶爾也可以有大變化，讓人一眼就看出不同

32 添加流行或受歡迎的要素

例 ▶ **現正流行的○○專區**　▶ **現在最受○○喜愛的××專區**

▶ **現在最受注目的○○專區**　▶ **流行趨勢專區**

> Point ◉ 瀏覽女性雜誌或介紹趨勢的情報雜誌，尋找可以參考的內容
> ◉ 利用附加的東西或擺飾試著加入流行元素
> ◉ 設置一個經常引進流行事物的區域或空間

10　添加媒體喜歡的「意外」元素

容易口耳相傳的資訊，總會包含「意外」的元素（要素）。而正是這些「意外」元素，會引發聽見、看見的人們的好奇，讓他們無論如何都想跟其他人分享。如果你只是想吸引更多人的關注，或是要接受媒體採訪，請一不做二不休地創造令人無法置信的「意外」元素。

33 構思用「竟然○○！」來呈現內容的企劃

例▶ ▶竟然不用錢就可以○○

▶竟然可以穿著○○的服裝（裝扮）

▶竟然只要○○就可以住到豪華套房

Point ●試著想像平常應該是這樣的東西，將它轉變成讓人驚訝的點子
●提供機會讓顧客可以體驗一直很想嘗試或憧憬的事物，藉以創造話題
●思考是否可以呈現出令人無法置信的氣氛

34 添加讓人懷疑自己聽錯、令人驚呼的「要素」

例▶ ▶超辣甜點　▶灑上金箔可以吃的○○

▶自己動手煎的高級牛排屋　▶鵝蛋的○○

Point ●把平常不會想到、完全相反的要素加以組合
●把一般不會拿來吃的東西當作食材加以組合
●試著將一般被認為素人可能會失敗的事，藉著專業人士的指導讓顧客可以體驗

35 提供數倍以上的分量或尺寸

例▶ ▶比臉還大的○○　▶跟身高一樣高的大分量○○

▶加大三倍（三倍尺寸）　▶超大碗○○

▶巨無霸○○

Point ●思考是否可以把平常販賣的尺寸加倍放大
●如果尺寸加大了數倍，就請思考如何強力宣傳這種大小或尺寸的文案
●就算不常賣出也可試著自由發揮創意，製作有趣的超大分量菜單

36 將價格降至一般費用的1/3以下

例▶ ▶驚人的3折專區　▶今日必買超划算專區

▶破盤大放送專區　▶驚人的70% off 專區

提升商品的價值感　Part ❶

Point ◉思考是否可以設定讓人真的感到相當便宜的價格
◉設置超低價商品的專區，讓低價商品更容易被注意
◉使用超低特價1折起等表現讓超低價更容易被注意

37　設定通常價格10倍的訂價來開發商品

例 ▶大量使用高級素材的絕品○○

▶1萬元的○○套餐　　▶名人○○套餐

▶○○的味道、極致奢華套餐

Point ◉一邊自問「如果把這個商品的價格提高10倍，需要什麼樣的內容顧客才會接受呢？」一邊研究商品的內容
◉試著將任何人都覺得高級的素材或原料加上變化，製作成商品
◉取一個有高級感的名字

11　讓顧客能夠更容易使用

商品與服務如果需要操作或動作，請盡可能讓顧客使用起來更順手。相信你一定也有類似的經驗，只要變得更容易上手，就能讓商品與服務的價值有所提升。因為每個顧客都討厭麻煩，都希望能讓事情簡單容易。請仔細觀察顧客會如何使用該項商品與服務，思考怎麼樣才能讓顧客更容易使用。

38　提供省卻麻煩的功能（服務）

例 ▶把經常使用的功能用一個按鍵解決

▶在顧客面前為他處理費事的工作

▶輕輕鬆鬆○○鈕（功能）

017

Point ◉思考是否可以把常用的功能用一個按鍵解決
　　　◉實際在顧客面前演練，示範如何把大家認為很費工的事情輕鬆完成
　　　◉嘗試提供將好幾種作業整合在一起的功能（服務）

39 大膽地簡化功能

例 ▶簡易（便利）機能　▶簡易○○包

▶輕鬆（無負擔）○○行程　▶○○簡易包

Point ◉試著大刀闊斧地將功能（或服務）減化
　　　◉準備只有某項簡單功能的商品
　　　◉製造簡單沒有多餘功能，因此容易理解且價格便宜的商品
　　　◉特別強調簡單、單純的特性

40 單手（一指）就可以操作

例 ▶咚！只要按一下就可以的one touch○○

▶單手就能輕鬆操作的○○

▶只要一根手指誰都會用的簡單○○

Point ◉憑感覺（直覺）單手就能操作
　　　◉設計一根手指就能夠做到的簡單操作，並使用「只要一根手指就能簡單○○」的訴求，強調它的便利性
　　　◉為了讓單手（一指）就能操作，請試著將功能精簡使商品變小
　　　◉設計成只要按一個按鈕就能運作，並對顧客宣傳此一特點

41 讓商品方便攜帶（可以帶著走）

例 ▶無線化

▶縮小（小型）化

▶口袋型○○　▶行動○○

Point ◉開發商品時,試著思考「是否可以帶著走?」這類問題
　　　◉試著縮小成可以放入口袋的大小
　　　◉思考是否可以把電線等配件移除
　　　◉試著發想可攜帶的○○、攜帶型○○、行動○○、○○帶著走

12 讓顧客更方便外帶

很多時候,顧客在店內消費的同時也會另外買一些帶回家。這就代表了顧客在決定要不要當場消費的同時,也考慮了外帶的可能。所以可以從物理與心理兩個層面下手,想辦法讓外帶變得更容易,讓顧客覺得外帶不會有負擔。

42 設計外帶組合

例 ▶**外帶專用商品**　▶**可外帶菜單**

▶**贈禮專用○○**　▶**自用外帶○○**

▶**Take-out 商品**

Point ◉嘗試在商品中準備可以外帶的品項
　　　◉在菜單上加上可外帶的記號
　　　◉試著開發外帶專用商品
　　　◉嘗試思考是否可以將容易保存,且當作伴手禮會很受歡迎的品項(菜單)加以商品化
　　　◉大力宣傳有提供外帶的商品可以選購

43 製作成方便外帶的外型(包裝、紙袋等)

例 ▶**在商品上加上把手**

▶**加上外包裝使內容物不被看見**

▶**將外盒打洞以便於搬動**　▶**預先包好**

Point ◉準備數種可以分別在不同場合使用的紙袋
　　　◉加裝方便手提的把手或提把
　　　◉為了使內容物不被看見，最好事先準備好可添加的外盒等包裝材料
　　　◉事先準備好已包裝妥當的商品以便可以立刻帶走

44　提供配送或宅配服務

例 ▶宅配、配送服務專區
　　▶提供配送用的免費紙箱
　　▶購買金額超過○○元以上即可（當天）免費配送

Point ◉重物或顧客不想提回家的東西，可嘗試以宅配方式幫忙寄送
　　　◉贈品或禮品等受贈者收到會高興的商品（包裝），最好也能以宅配方式處理
　　　◉大力宣傳有提供配送服務
　　　◉設置寄送宅配的標誌或專區

45　可一次就將整批商品帶回家

例 ▶將數個（支）裝成一包
　　▶準備可裝數個（支）的箱子（盒子）
　　▶在較重的商品附近放置推車

Point ◉將多個商品束成一綑或裝入一袋，方便顧客一起買回家
　　　◉購買數量較多時可使用的專用箱或袋
　　　◉在較重的商品附近放置購物車或推車
　　　◉製作成3入、5入等可一次購買一大袋的組合

提升商品的價值感 Part ❶

13 讓商品更容易食用

即使是相同的商品,只要加上些許的巧思,就能產生不同變化或變得容易食用,進而創造出更多商機。請在既有的商品中加入嶄新的想法,使它得更容易食用,甚至像完全不同的商品,讓顧客可以在各種場合盡情享用。

46 改良成用單手就能享用

例▶ ▶單手就可以拿著吃的○○

▶用竹籤串起以便拿著吃

▶用可以吃的容器(如日式甜點的最中、麻糬等等)包起來

Point ◉費點心思改良成單手就可以享用,並以「單手就可以拿著吃的○○」為訴求進行販售
◉用可以食用的東西包裹以便於直接用手拿著吃
◉思考是否有用竹籤串起來比較方便享用的商品
◉利用單手拿著吃的照片或插畫來宣傳

47 不需要筷子、叉子就可以享用

例▶ ▶不拿餐具(竹籤等)就可以享用○○

▶裝進不需要工具就可以直接拿著吃的袋子(小碟子)裡

▶包裝成方便食用的尺寸

Point ◉試著改良成為可以直接用手指抓著吃
◉思考是否可以做成方便使用牙籤或竹籤等插起來吃
◉將方便食用的尺寸(一口大小)個別包裝販售
◉嘗試將商品做成棒狀用紙捲起來(袋子包起來)等比較容易用手拿著吃的形狀

48 製作成一口（就能吃完）的大小

例 ▶一口○○

▶縮小成可以用牙籤吃

▶迷你○○　　▶分割（小分量）販售

Point
- 嘗試把商品做成一口就能吃完的大小
- 思考是否能做出關鍵字是「迷你○○」「小○○」的小型商品
- 思考是否能將大分量的商品切割成小分量

49 提供不同分量讓顧客選擇

例 ▶普通、大碗、特大碗　　▶大中小尺寸　　▶迷你尺寸

▶一半分量　　▶1.5倍大

▶好幾種分量（公克數）可供選擇

Point
- 思考是否可以將商品的分量分成好幾個等級讓顧客可以依個人喜好選擇
- 試著思考可否準備分量減半的品項
- 試著準備1.5倍或2倍大的大分量商品

50 將刺激性強的味道變溫和

例 ▶溫和（型）　　▶○○細緻滑順的味道（風味）

▶刺激性降低的○○

▶加入使味道變得溫和的東西（素材）

Point
- 試著思考是否可以將一般被認為刺激性很強的東西變得溫和
- 酸、甜、苦、辣的食物→可否加以調整？試著思考可否變成清爽無負擔的商品加以販售
- 利用「減少○○的××」「抑制○○的××」等文字進行訴求

14 讓顧客在「體驗前」了解商品的優點

顧客事前獲得的資訊,對接下來的體驗或經驗所獲得的印象,會產生很大的影響。因此在體驗之前,以簡單明瞭的方式提供資訊,讓顧客了解接下來所要體驗的事物的價值,就變得非常重要。具有價值的資訊,不要在體驗後才說,而是要在體驗之前,就偷偷告訴顧客。

51 在顧客體驗(消費)前說明講究的細節

例 ▶在餐桌、櫃台、菜單、筷套、座位側邊的牆上都放上考究細節的說明

▶在等待的場所播放宣傳影像

Point
- 在顧客體驗前所待的場所中,選擇顧客會看見的物品加入講究細節的說明
- 在餐桌周圍尋找空出來的空間,在那裡展示想讓顧客了解的講究細節
- 只要顧客一點餐,就立刻把這些講究細節的說明道具或資訊一起傳遞出去

52 預先公開商品的詳細資訊

例 ▶在網站上提供資訊

▶發送廣告型錄(情報雜誌)

▶利用廣告公布詳細資訊

Point
- 在網站或商品型錄傳達與商品有關的考究細節或詳細的生產過程
- 製作與商品或服務相關的情報雜誌發送給消費者
- 公開這些考究細節的詳細情報,同時也讓大家可以在網路上下載分享

53 在顧客體驗前簡要地口頭說明商品的優點

例 ▶在上菜時要同時說明講究的細節

▶在顧客進門或點餐時說明考究的細節

▶在體驗前要安排一段簡短的解說時間

Point
- ◉ 在接待顧客或提供商品時，直接提供制式的考究細節說明
- ◉ 為了能夠清楚說明，請在事前多加演練想傳達的內容，以便在提供商品或服務時能夠更確實地傳達

15 Live（現場直播）化

不能失敗的緊張感、展現實力的自信、沒有謊言或造假、在第一時間表現出貨真價實的臨場感等，這都是現場才能創造出的魅力。如果你對自己所提供的東西有足夠的自信，或是有什麼顧客平時看不見的部分，請務必透過現場的活動來展現，透過原本的模樣讓顧客徹底了解商品與服務的優點與價值。

54 讓顧客看見商品的製作過程

例
- ▶ 舉辦工廠導覽活動
- ▶ 在可以看見服務現場的場所設置諮詢室
- ▶ 用玻璃隔間讓作業可以被看見

Point
- ◉ 構思是否能讓顧客在等待的場所或諮詢的空間看見工廠或生產過程
- ◉ 在販售或諮詢前先讓顧客參觀工廠
- ◉ 把工廠的牆壁移除或換成玻璃隔間
- ◉ 思考生產線上有沒有看起來很有趣的部分？把那個部分獨立出來向顧客展示

55 將作業的過程變成一種表演

例
- ▶ 將做菜的過程變成一場料理秀
- ▶ 在作業過程中加入表演的要素或動作
- ▶ 準備表演專用的華麗服裝

提升商品的價值感 Part ❶

Point ◉思考是否可以配合音樂，像在表演那樣進行作業
◉嘗試可否在作業過程中加入表演動作等娛樂的要素
◉嘗試是否可以改變作業人員的裝扮或服裝讓演出變得更有趣

56 讓顧客可以透過螢幕看見維修與加工的過程

例 ▶把作業情形利用現場直播的方式透過螢幕放映

▶利用小型照相機將作業情形拍下來，將照片當成紀念品贈送給顧客

Point ◉研究是否可以將做菜或作業的過程透過螢幕同步播放
◉思考可否將作業時的影像記錄下來，贈送給想要的顧客作為紀念
◉思考可否能在觀眾席設置螢幕，播放具有臨場感的作業（料理）過程

57 在顧客面前完成最後一道工序

例 ▶在顧客面前完成最後一道將表面炙燒成焦糖狀的作業

▶當場加上最後的裝飾

▶在完成最後一道程序前停下來

Point ◉最後一道工序如果能在顧客面前進行，就請在顧客面前完成
◉思考可否在顧客面前完成最後的裝飾
◉在完成之前先停下來，送到顧客面前再進行最後一道程序

16 以最有說服力的「故事」傳達商品的優點

在介紹商品的價值與優點時，最具說服力的方式就是利用實際發生過的小插曲（真實故事）。特別是在述說與商品有關的體驗時，巧妙融入商品本身的優點與切身的感受效果更好。請準備聽者備感親切的小故事，在其中加入商品的價值與充滿情感的表現，讓顧客產生興趣。

025

58 以帶有感情的方式傳達使用前後的劇烈變化

例 ▶述說與某種變化相關的感動小故事

▶傳達與某種變化同時發生的劇烈感情變化

Point
- 將使用某種商品之前的客觀狀態與使用後的狀況，以同樣條件對比呈現
- 以感性的方式傳達因某種變化所引起的情感上的愉悅轉變
- 把產生愉悅的變化時，脫口而出的句子當成文案使用

59 傳達問題獲得解決之後的幸福感

例 ▶讓顧客看見他人購買之後獲得幸福的場面

▶讓顧客實際了解有許多有同樣煩惱的人或是他的問題很常見

Point
- 盡可能深入說明問題的實態，同時傳達出問題的嚴重性
- 利用數據說明問題有多常見或多麼容易發生
- 傳達出問題解決之後的幸福狀態

60 傳達從煩惱與痛苦解脫之後的情感

例 ▶述說煩惱的內容及解脫之後的愉快心情

▶充分展現從某種痛苦解放之後的感情（言語）

Point
- 分享煩惱或痛苦的真實經驗或故事，讓對方產生共鳴
- 分享從痛苦中解脫的體驗及真實故事，引起顧客的興趣
- 使用客觀的資料或統計數字，讓顧客產生信任
- 使用在安心的瞬間所說的句子來喚起注意

17 改變形狀與素材 做出令人驚訝的商品

商品的價值不只在於商品的品質與內容，光是改變商品的外觀與形狀，其評價也會大大改變。只要形狀與外觀令人耳目一新，不僅能讓顧客覺得驚豔，營造出來的氛圍與印象，也會改變顧客感受到的價值。因此即使內容不變，也要讓商品的形狀、素材與外觀出人意表。

61 與一般形狀不同的構造

例 ▶把圓形的東西做成立方體

▶把立體的東西平面化　▶把平面的東西立體化

Point
- 試著思考是否可以藉由改變形狀使形象產生大幅度的變化
- 嘗試套用完全不同的形狀（平面⇔立體、球體⇔立方體等）來開始創意的發想
- 試著從與○○通常是這種形狀的印象完全相反的形態來進行創意發想

62 提供以令人意想不到的素材做成的容器等等

例 ▶把容器的原料改為石頭、樹葉等天然的素材

▶提供利用冰塊或蔬菜等材料做成的器皿

▶利用紙類來製作容器

Point
- 嘗試將提供給顧客使用容器，改用令人感到意外的材料來製作
- 利用蔬菜或食材製作可以吃的器皿提供給顧客使用
- 試著運用大自然中的東西（石頭、岩石或大片葉子等）來當成器皿使用

63 讓外觀看起來就像別的東西

例 ▶「看起來像○○其實是××」的商品

▶看起來像飯糰其實是甜點

▶做成看起來與外表印象截然不同的東西

Point ▶ ●將外觀做成看起來很像卻截然不同的東西以製造衝擊性
　　　●外層使用當季的素材但裡層填入其他東西
　　　●尋找看起來像○○但實際上是××的東西
　　　●把剛做好的東西用其他素材包起來，讓它看起來像別的東西

64 做成不同以往的顏色

例 ▶ ▶使用繽紛的色彩（粉紅等等）
　　▶使用金屬色系
　　▶使用透明材質讓內部構造可以被看見

Point ▶ ●試著使用同類商品中少見的顏色
　　　●使用對該項商品來說被視為禁忌的顏色
　　　●嘗試使用以該類商品來說非常花俏的顏色
　　　●嘗試使用透明材質讓內部構造可以被看見
　　　●將金屬、布、紙等外包裝的材料改用其他具有意外性的東西替代

18 讓作業的過程可以被看見

特別進行的作業如果在完成之前都沒有人知道，難得的作業就會失去大半的意義。既然都要做，就不妨讓顧客看見整個過程，或是留下作業完成的痕跡或標示，讓所有人都知道曾經進行該項作業。

65 利用有形道具呈現無法被看見的作業過程

例 ▶ ▶留下作業完成卡
　　▶在完成作業的場所添加手工製作的紙卡
　　▶作業完成後留下一句感言的告示卡

提升商品的價值感　Part ❶

Point ● 事先準備用來證明作業完成的貼紙（留言卡、小飾品、紙卡、花等等），在作業結束後使用
● 構思樣子好看，放置時會讓人感到愉悅的作業完成貼紙（小飾品等）
● 寫上執行者的姓名及一小段訊息

66 在可以被看見的場所設置表示作業完成的道具

例 ▶ 把作業完成貼紙、作業結束確認券、作業完成表貼在牆上可以被看見的地方

▶ 設置作業結束告示牌（標誌）

Point ● 準備用來記錄日常作業完成的時間、日期或負責人姓名的表格，貼在顧客可以看見的地方
● 試著準備可以在作業結束時使用的牌子，或是可以翻面的看板（標誌）
● 試著在作業完成貼紙上加入會使人會心一笑的元素（句子、圖畫）

67 對烹調方式或背後費工夫的部分加以解說

例 ▶ 讓顧客清楚看見前置作業的部分並進行解說

▶ 解說費時費工的部分

▶ 徵求內部體驗的調查員

Point ● 試著對通常會需要解說或是難以說明的部分、以及作業背後費時費工的部分等，當成講究或堅持的內容特別說明
● 錄下作業的過程，以便隨時可以播放
● 募集可以體驗內部作業的調查員，請他們寫出體驗心得和感想，將其作為解說工具加以運用

68 讓實際的作業過程可以被看見

例 ▶ 在顧客面前進行作業

▶ 轉播作業的畫面（影片）

▶ 利用照片具體說明作業的順序

029

Point ◉將工作的流程拍攝成一連串的靜止畫面或影片加以轉播，或是利用螢幕等進行放映
◉準備可以用來說明作業流程的照片（插畫）等道具
◉在顧客面前說明作業過程時可使用簡單的模型輔助

19 讓顧客在家也能享用

光是「可以在家享受」商品與服務，就能大幅提升商品的價值。請徹底思考如何讓顧客產生「想要在家一邊享受一邊○○」、「希望在家放鬆時可以○○」、「想要在家隨時○○」、「想要在家○○而不需要在意其他人的目光」、「希望能和家人一起在家○○」等欲望。

69 提供到府（外送）服務

例 ▶外送（到府服務、送到家）服務

▶可以在自己家裡悠閒的○○　▶主廚到府服務

▶壽司師傅到府服務

Point ◉思考看看是否可提供外送（到府）服務
◉思考若在到府服務時才完成最後的程序會不會因此產生不同的價值
◉若讓技術人員（工匠等）出差服務是否會產生魅力或價值

70 透過郵購或網購（寄送商品）等方式銷售商品

例 ▶提供郵購或網購等方式販賣的商品

▶製作加工過的商品以便可以利用宅配寄送

▶販賣冷凍（可保存）的商品

提升商品的價值感 Part ❶

Point ● 在商品單中尋找可以利用郵購或網購販賣的商品,並思考郵購或網購販賣的商品規格(品質、包裝等)
● 以身在遠方的人也能享受、品嚐的概念思考商品的內容或企劃
● 思考調理好的品項是否可以利用冷藏或冷凍的方式配送
● 以「可以在自己家裡享受○○」為訴求

71 可以直接將商品帶回家

例 ▶ 可以把完成品直接帶回去的「可外帶商品」

▶ 外帶專用盒(袋)

▶ 可外帶(出借)的容器

Point ● 在一般無法外帶的東西中思考有沒有可能因為可以外帶而使顧客高興的東西
● 準備外帶專用的盒子(袋子)
● 出借專用盒給希望外帶的顧客,會因此使顧客再度光臨
● 在店外設置外帶專用櫃台

72 製作在家也能享用的禮盒組

例 ▶ 加工使顧客在家裡也可以輕鬆享用

▶ 在自家使用○○道具(組)

▶ 可以在家裡歡樂享用的「在家○○」

Point ● 思考是否可以加工一下讓顧客在自己家裡也能享受
● 思考在自己家中讓家族成員(3〜4人)也都能享用的組合
● 思考為了要在自家享用,如果有這些(工具)等搭配成套(組合)會更高興
● 以讓顧客觀看在自家享用的照片或影像等方式進行宣傳

73 販售差一道手續就能完成的商品

例 ▶ 真的只要再一道手續就是正統的○○

▶ 再稍微○○一下就可以完成的商品

▶ 只要在使用前解凍(加熱)就可以享用

Point ◉思考看看可否販售即將完成的商品讓顧客在自己家裡能夠簡單地作完最後一道程序
◉思考有沒有商品可以只要加熱或解凍就可以享用
◉準備一些素材或材料以便讓顧客可以進行最後一道手續，並加以組合販售
◉訴求只要再一道手續就可以享用

74 在家就能欣賞戲劇等影片

例 ▶用網路傳送影像

▶用影片素材把拍下來的東西交給顧客

▶只限會員觀賞的現場直播服務

Point ◉準備好就算不去店裡或會場也可以透過想像體驗樂趣的影片或影像
◉販售或傳送活動等現場影像，以即時直播或之後可以在家觀賞的方式提供給顧客
◉蒐集各種場面或評論製作寫真集或是花絮影片，給會員或是被抽選中的顧客觀賞

20 以商品「購買前後的服務」增加差異

如果商品本身與其他商品的差異不甚顯眼，難以有所區別，可以透過在購買之前、購買同時或之後，提供一些具有附加價值的服務，增加與其他商品的差異。請附加讓顧客驚豔、高興的服務，創造出與其他商品不同的獨特性。

75 為購買商品前的狀況增添價值

例 ▶事前提供諮詢

▶提供諮詢，以專業角度給予意見

▶將事前必需的東西全都準備好

提升商品的價值感 Part ❶

Point ◉製造機會免費提供需要的建議給開始考慮購買的人
◉為了不讓顧客在選購商品時失敗，可幫忙選出最適合的商品組合，並思考是否可將這樣的諮詢服務也變成商品
◉事前所有必要的東西都詳加說明，同時也可以讓顧客一起購買（申請）

76 為購買商品後的狀況增添價值

例 ▶ **提供免費的定期檢查、維護**

▶ **保證數年後的買回金額**　▶ **保證無償修理**

Point ◉思考是否可以定期提供顧客購買之後必需的服務
◉提供顧客購買後必要的服務
◉思考顧客購買後在幾年後會需要的（想要的）服務

77 為購買商品前後的狀況都添加價值

例 ▶ **完全不用動手的輕鬆服務**

▶ **事前準備＆事後服務完全包**

▶ **不用的商品折價回收＆商品送貨服務**

Point ◉思考是否能以顧客角度提供「盡善盡美」的商品購買前後的服務
◉嘗試提供顧客在購買前後所有必要的服務
◉想想看讓顧客可以「完全不用動手○○包」的服務內容

21　將商品擬人化

顧客基本上不太會抗拒讓他覺得親切或習以為常的事物。因此即便是覺得陌生或難以理解的事物，只要透過卡通人物、插圖、綽號等擬人化的過程，顧客就會覺得那些事物十分貼近自己的生活。請透過擬人化的過程，盡可能讓顧客覺得親切且容易接近。

033

78 利用人形讓商品立體化

例 ▶將乏味的零件或道具做成人形　▶做成手的形狀的○○

▶做成人形的○○　▶看起來像人臉的○○

Point ◉思考是否可以把商品外觀本身做成人形（腳形、手形）
◉思考是否可以加工把商品加上眼睛或嘴巴，看起來像一張臉
◉思考是否可以把商品加上手和腳變成人形（動物形）

79 將傳達訊息的道具做成人形

例 ▶人形菜單（型錄）

▶裁成人形的留言卡（信）

▶站立放置的人形座位牌

Point ◉思考是否可以把菜單或型錄裁切成人形，變得可愛（有趣）
◉思考是否可以將留言卡做成人形讓它變有趣
◉思考將工具放置台等做成人形或手的形狀以增加親近感

80 以「○○君」、「小○○」稱呼增加親近感

例 ▶把困難的素材名稱或原料名稱稱為「阿○」來說明商品

▶希望顧客記住的詞彙或名稱就用「小○」來表現

Point ◉思考是否可以把素材、成分或營養素等東西就像卡通人物一樣稱為「阿○」，以便更簡單明瞭地解說
◉希望顧客記住的關鍵字或詞彙，就稱為「小○」讓顧客有親近感

81 做成動畫或插畫風的角色

例 ▶把不容易有親近感的東西化為可愛的人物（圖畫）

▶把構造或形狀化為更簡單易懂的插圖

034

Point ◉ 思考是否可將一些難以親近的東西替換成像動畫那樣的人物角色
◉ 思考是否可以在顧客參觀工廠的時候，把機器加上像機器人一樣的眼睛嘴巴
◉ 思考是否有東西可以藉由圖畫傳達出親切感

22 所有的一切都要以「顧客觀點」呈現

所謂顧客觀點是指站在顧客的角度來感受。假設自己是最重要的目標顧客，透過五感來感受想要傳達的訊息。接著，直接利用顧客的語言，去表達出自己感受到的事物，無論是描述時的話語或是影像，請全部採用顧客的觀點。

82 以顧客們交談的聲音為訴求

例 ▶ 用像是第三者在當場傾聽顧客說話的方式來表現

▶ 直接使用顧客的對話或詞彙、文字

Point ◉ 用顧客實際使用的話，彷彿顧客在現場對話一樣的方式來表現
◉ 把顧客的對話實際錄音或錄影下來，用他們真正說話的內容來表現
◉ 把顧客彼此之間實際在談話的樣子（影像）直接拿來運用

83 活用顧客無意識的自言自語

例 ▶ 把像是不小心說出來的自言自語做成文案

▶ 從顧客的感想中取出一句自言自語用在文案裡

Point ◉ 蒐集顧客小聲說的自言自語，從中取出可以當作文案的東西來運用
◉ 試著把顧客的感想錄音下來，找出他們不小心說出口的自言自語
◉ 在店裡站在顧客附近，暗中把顧客的自言自語蒐集起來

84 想像顧客的頭上裝設了相機

例 ▶將實際在顧客頭上安裝攝影機拍攝的影像應用在虛擬體驗中

▶用顧客的眼光拍照攝影

Point
- 以顧客的眼光固定住攝影機拍下看到的影像用在廣告表現上
- 請顧客協助拍攝，將小型攝影機裝在眼睛的位置拍下影像來運用
- 用顧客的眼光重新拍下靜止畫面、影片
- 檢查影片的角度是否是與顧客的視點相同

85 站在顧客位置實際感受顧客的視線

例 ▶要蹲下來體驗、確認小孩子的眼光

▶改變各種眼睛的高度來看

▶確認實際上坐著看的光景

Point
- 跟顧客朝著相同的方向、實際站在同樣的高度來看，感受「顧客的眼光」
- 實際坐在顧客的位子，寫出在那裡看到什麼、感覺到什麼，思考有什麼不足之處
- 與顧客站在同一個位置，檢視商品是否方便拿取、是否方便顧客觀看、是否有分量感

86 將顧客真實的情感轉化為文字加以運用

例 ▶完全以顧客的角度把感情用言語表現出來運用在文案上

▶對商品或服務的內容加上感情表現來提出訴求

Point
- 變成顧客，用心感受一些細微的小事，然後試著說出來
- 把自己感覺到什麼的時候所說出來的自言自語記下來加以運用
- 說明文章不能只有商品的說明，一定要加入情感表現來寫說明文

提升商品的價值感 **Part ❶**

23 最初及最後的接觸都要特別用心

與人初次見面時,見面的瞬間與告別時的印象會大大影響對於對方的觀感。相同地,顧客在接觸某項事物時,最初與最後所感受到的衝擊與印象也會大大影響對於這項事物的總體評價。因此要盡可能留意顧客心理層面的接觸「入口與出口」。

87 加強與顧客最初接觸的訓練

例 ▶ **把預約電話的應答定型化**

▶ **準備好面對詢問的回答模式**

▶ **加強在入口迎接顧客的訓練**

Point
- 與顧客第一次接觸時會發生哪些事把它全部都寫出來
- 先想好如何在第一次接觸的時候就抓住顧客的心
- 檢視在入口等處與顧客相遇的瞬間是否能誠心誠意的接待

88 加強最後的問候(訊息)

例 ▶ **在信或電郵的最後利用「附筆」加強印象**

▶ **為最後的問候準備好令人印象深刻的內容**

Point
- 把與顧客溝通時最後的部分全都寫出來
- 在最後的接觸時準備令人印象深刻的話
- 事前就準備好在最後的招呼時留給人深刻印象的設計或招呼語

89 用心準備顧客享用的第一道餐點

例 ▶ **用心準備第一道菜(餐前酒等)讓它成為你自信的一道菜**

▶ **讓你的店成為有一道顧客必點菜色的店**

Point ◉思考什麼是顧客一開始要吃的東西，讓它給人深刻印象，或是帶給人感動
◉思考是否可以把你有自信的那道菜變成顧客最初必點的菜
◉準備一道味道最棒的東西在一開始免費招待顧客，給顧客留下深刻印象

90 用心準備顧客享用的最後一道餐點

例 ▶最後奉上不在菜單裡全力以赴做出的甜點
▶做出最後非吃不可的一道菜

Point ◉思考可否用沒有放在菜單上、自己原創的東西在最後提供，讓人留下深刻印象
◉在最後免費招待顧客費心製作的一道菜
◉準備好每日替換的特殊品項，作為最後推薦顧客必吃的一道

24 活用平時不使用的空間或時間

運用平時不太使用的事物這類創意本身，會讓顧客留下意料之外的印象，如果這樣的創意正好符合顧客的需要，就更能抓住顧客的心。請研究目前沒有使用或沒有想過要使用的事物有哪些，發揮創意，思考若是加以運用，是否能夠產生全新的價值？

91 有效運用屋簷下與店外的空間

例 ▶在屋簷下擺桌子作為客席
▶在店外準備戶外客席
▶在店外設置咖啡座讓顧客用餐後有悠閒放鬆的地方

Point ◉思考在店外或入口前有沒有可以有效運用的地方
◉思考可否在店外設置露天席，作為顧客用餐完畢後喝咖啡的地方
◉思考是否可使用戶外的空間作為商品陳列、展示藝術品等的空間

提升商品的價值感 Part ❶

92 利用停車場與屋頂作為活動會場

例 ▶在停車場辦跳蚤市場（拍賣）或擺攤

▶把屋頂作為屋頂菜園出租　▶放置兒童遊樂器具

Point ◉檢討停車場或屋頂有沒有可以使用的場所
◉思考是否可以在該場所舉辦顧客喜歡的活動
◉試著把該空間出租給顧客
◉思考可否在父母眼睛所及的空間，設置兒童的遊戲場所

93 善用閒置大樓（出租場所、房間）

例 ▶利用閒置的出租點設立托兒所、英語會話學校、按摩店等

▶每週更換的外帶美食店（蛋糕、可樂餅）等

Point ◉思考可否利用空房間作為活動空間或是短期每週更換的店鋪（企劃）等
◉試著採用無償租借，但徵收部分營業額的開設店鋪挑戰
◉思考可否招募短期的輕食或糕點等人氣商店

94 活用傳單、名片與信封的背面

例 ▶傳單背面刊載顧客愉快的迴響

▶名片背面寫上個人的自我介紹

▶信封背面刊載生活智慧或資訊

Point ◉如果要製作印刷物品，想想看如何把空白的地方作最大限度的運用
◉信封內側、傳單背面等，可以刊載顧客會有興趣的季節雜學或是顧客的意見等等
◉在空白處刊載員工資訊或履歷、顧客可參加的單元等等，使顧客產生親切感

95 思考非營業時間可以做的事

例 ▶在營業時間外做包場派對

▶在店裡舉辦小型演唱會或畫展等等

▶開設才藝教室（麵包、烹飪等）

039

Point ◉在一般營業時間外設置特別營業時間，以「盡可能滿足顧客的期望」來表現
　　　◉讓顧客知道可以出借空間作為文化教室或是展示空間
　　　◉簡單表示在一般營業時間以外的出租費用

96 利用窗戶與外牆作為廣告空間

例 ▶貼出讓大家明白本店優良之處的照片
　　▶出租作為其他業種的廣告空間
　　▶在窗戶上張貼海報等資訊

Point ◉在店外尋找有沒有可作為訊息公告的空間
　　　◉裝設畫框或告示板使公告用的空間更醒目
　　　◉把來店的顧客覺得本店提供讓他最有感的好東西的照片放大刊載
　　　◉作為最新資訊公布欄靈活運用

97 善用店內的設備作為廣告空間

例 ▶在樓梯或扶手上公告資訊
　　▶在桌子鋪上刊載資訊的紙（宣傳單）代替餐墊
　　▶在廁所裡刊載資訊

Point ◉把顧客身邊有的備品和空間都重新檢視，思考看看有沒有空間可以作為資訊公告使用
　　　◉思考可否在桌墊或筷子套上刊載公告的資訊
　　　◉想想看如何活用等待的空間或廁所的牆壁

98 善用背景音樂與店內廣播

例 ▶用店內廣播公告拍賣通知
　　▶利用原創歌曲作為背景音樂加強店名印象
　　▶利用店內廣播告知限時特賣

提升商品的價值感 **Part ❶**

Point ◉ 在店內播放音樂或廣播等把店內廣播當作公告的方法
◉ 利用店內廣播進行活動內容介紹、限時拍賣介紹、新菜單的介紹、當季最推薦的○○介紹
◉ 製作原創音樂或歌曲播放,以便加強本店的特長或店名的印象

99 善用給員工(店員)的專屬福利

例 ▶ **把伙食當作菜單提供**

▶ **對外提供公司內部的待客研習**

▶ **對其他公司販賣公司內部各種應用的系統**

Point ◉ 把提供給員工或職員的事物都寫出來
◉ 想想看其中有沒有其他公司或顧客可能會感覺有魅力的,可以作為商品的東西
◉ 檢討在管理部門或個人進行的作業中,有沒有可以產生價值的東西

100 舉辦專家(職人)的研習營或座談會

例 ▶ **主廚○○的烹飪教室**

▶ **來自工作人員的○○搭配術講座**

▶ **○○專業人員的技術講習會**

Point ◉ 思考是否可以讓擁有技巧或技術的員工以專業人士(專家、工匠)身分主辦講習會或研習會
◉ 想想看平常員工行使的技術中有沒有只要稍事練習外行人也可以辦得到的部分
◉ 思考各個員工擁有的技術中可以稱為專業(工匠)技術的東西是什麼

25 追問真的需要嗎？為什麼需要呢？

「為何這麼肯定真的需要那項商品呢？」「為什麼需要那項商品呢？」針對這些問題，你是否有確定的答案呢？如果能簡單地向眼前的顧客說明上述問題的答案，相信顧客一定會覺得商品非常吸引人。如果想要有效傳達商品的魅力，請隨時思考上述的問題。

101 以需要該產品的最大理由為訴求

例▶
- ▶如果沒有○○我現在還在煩惱
- ▶我選擇的理由是因為○○
- ▶對你來說○○一定是必要的

Point
- ●把顧客非常需要這個商品的理由都寫出來
- ●在這些理由當中，運用由於這個理由所以無論如何都想要這個商品來表現
- ●把幾個強烈必需的理由排出優先順序，運用在文案或商品說明裡

102 凸顯擁有或沒有該項商品的巨大差異

例▶
- ▶沒有○○的時候是××，開始使用○○之後則實際感受到△△
- ▶比較使用了○○和沒有使用時的情形

Point
- ●舉出當擁有了這個商品時有什麼樣的快樂
- ●舉出當沒有這個商品的時候有多麼難過
- ●將有這個商品、沒有這個商品時的不同之處舉出兩點來組合運用

103 呈現出因為沒有該項產品而感到後悔的慘狀

例▶
- ▶如果沒有買○○就會一直被家人抱怨
- ▶如果沒有○○就會這麼慘

042

Point ◉逼真地寫出因為沒有這個商品導致如何悲慘的情況
　　　◉準備影像表現出悲慘的狀況
　　　◉想想看用一句話表現悲慘的情況
　　　◉充滿感情地表現出沒有這個商品有多後悔

104 呈現出擁有該項產品之後從心底感到高興的狀況

例 ▶因為有了○○幫了我很大的忙

▶有○○真是太好了

▶以商品為中心呈現某個快樂的場面

Point ◉寫出因為有這個商品而美好的小故事，突顯這個小故事
　　　◉用可以想像出的影像來表現有了這個商品的幸福美好
　　　◉在幸福的畫面中讓商品自然融入

105 同時呈現出有很高的機率會發生問題，以及問題的解決策略

例 ▶○○%的××為了△△而煩惱

▶呈現出此後避免這種問題發生的方法

Point ◉找出並運用資料數字顯示發生某種問題的機率或碰到某種困難的機率很高
　　　◉投入感情傳達出這個問題或困難是如何討厭並使人煩惱
　　　◉引導顧客想去了解決對策，最後顯示出這個商品可以很簡單地解決問題

26 追問現在這樣真的很方便嗎？

顧客追求的事物隨時都在改變，比如說更新的事物、更便利的事物、更能讓人滿足的事物等，對相同的事物很難產生持續的滿足。因此，請經常研究顧客目前在追求哪些事物，又對哪些事物感到不滿，並依據結果隨時變更或追加功能。

106 實施希望有人幫忙做○○的問卷調查

例 ▶實施意見調查問出顧客的希望（希望有的東西）

▶請告訴（寫出）我們你期望的服務

Point ●製造機會直接問顧客想要什麼、對店的期望
●對顧客實施意見調查，請顧客寫出希望有的服務
●回答意見調查的顧客便贈送可在店裡使用的商品券或是特別小禮物

107 實施感到不方便的事項的問卷調查

例 ▶針對一點點的不便（因為沒有○○所以不方便）作意見調查

▶感覺不便之處的意見調查　▶感覺這樣很討厭的意見調查

Point ●製造機會問出顧客感到不便、不滿之處
●製作不滿的意見調查，為回答感覺不滿的人準備小禮物贈送
●來店的第二天就寄送關於不滿的意見調查表給顧客，請他們回答並寄回

108 添加如果有了會更加便利的東西

例 ▶由於您的期望引進了○○

▶新設置了○○

▶現在已經可以免費享受○○

Point ●讓顧客寫出現在的商品中還希望附加的是什麼樣的東西
●詢問「有了這個的話就會更開心嗎？」追加從中聯想到的服務
●引進顧客真的期望的附加商品

109 列出顧客全部的需求並加以回應

例 ▶製作顧客需求筆記

▶顧客需求卡

▶詢問並調查顧客的需求

Point ◉把顧客的需求或諮商全部寫在一本冊子裡
　　　◉從這些當中檢討已經回應的和未曾回應的東西、服務以及有沒有可能提供
　　　◉準備卡片放在桌上讓顧客可以自由地填寫需求或諮商項目

Part 2

鎖定目標消費者

> 對顧客加以區隔，
> 尋找能夠更有效
> 接觸顧客的
> 手段與方法

　　如果你有商品想要銷售，首先必須要做的就是接觸顧客。然而，並不是任何人都可以，只有覺得你的商品很有魅力的顧客才需要進行接觸。

　　因此，你必須確實區隔出會覺得你的商品很有魅力（價值）的顧客（目標），並全力尋找能夠更有效接觸他們的手段與方法。

　　你一定要針對作為目標的理想顧客，盡可能收集詳細資訊，並徹底思考接觸的手段與方法。這些資訊包括住在哪裡、過著什麼程度的生活、以什麼樣的頻率前往哪些地方、與什麼樣的朋友一起消磨時間、會接觸哪些資訊等。

　　請一而再、再而三地接觸理想的目標顧客。

27 讓顧客幫忙介紹客人

相信你也曾經用「這個商品很不錯，可以試試看。」的方式向朋友推薦東西，喜歡某樣商品或服務的顧客，通常也會跟親友介紹該項商品的優點。因此如果你希望能夠確實地增加顧客，就請對商品很滿意的顧客將商品介紹給可能也會喜歡的朋友吧。

110 為介紹朋友的顧客準備特別的禮物

例 ▶ **給介紹者○○禮物**

▶ **給介紹者及其朋友○○禮物**

▶ **如果幫忙介紹○○就免費**

Point
- 在拜託顧客介紹的同時，請準備禮物或特惠給有幫忙介紹的介紹者
- 要徹底做到能夠連絡或寄送答謝的信函給介紹者
- 對因為介紹而來的顧客，也要告訴他們介紹朋友來會得到什麼禮物或優惠，拜託他們繼續介紹人來
- 要明確表示介紹者得到的優惠有多少價值

111 提供顧客的朋友免費服務（招待）

例 ▶ **同行友人可以免費體驗○○**

▶ **2人同行1人免費（2個人只要花1人份的金額）**

▶ **朋友可獲贈免費入場券**

Point
- 若與朋友一起來店則朋友的部分可以免費（就是半價）
- 準備好若介紹者兩人同行則合計費用可以半價等簡單明瞭的特惠
- 除了朋友可收到的特惠（免費等）另外準備給介紹者的特惠

112 招待忠實顧客與朋友一同旅行

例
- ▶招待1位家人以外的朋友參加○○主辦的××旅行
- ▶可以招待至親的友人！感謝顧客的○○之旅

Point
- ◉企劃一趟與顧客一起出遊的深度長途旅行或當天來回的旅行，讓顧客也可以和朋友一起參加
- ◉讓顧客可以和友人有共同的快樂體驗，最後製造介紹的機會
- ◉由顧客中選幾位代表，在參加者面前發表愛用心得

113 舉辦能夠邀請朋友參加的派對

例
- ▶盛大舉辦相關人員的○○派對（生日會等）並招待顧客
- ▶舉辦感謝顧客大會　▶舉辦○○週年紀念活動

Point
- ◉主辦盛大的派對，招待顧客和好友一起參加
- ◉舉辦紀念活動，讓顧客的朋友一同參加，並在顧客的朋友面前頒發顧客大賞
- ◉每年慣例舉辦這些活動，或是每年舉辦數次，將活動固定化

114 舉辦讓顧客與朋友的交流活動

例
- ▶讓顧客邀約朋友參加的見面會
- ▶賞花會　▶烤肉大會　▶保齡球大會

Point
- ◉舉辦顧客可以彼此交流的活動，讓顧客攜帶友人一起參加
- ◉準備一些讓互相不認識的人也可以一起同歡的活動
- ◉想想看在活動中準備一些可以讓大家交流得更熱烈的企劃

115 舉辦好評推薦文的募集活動

例
- ▶公開招募「因此我想推薦」的介紹文
- ▶以「擁有○○的幸福」為題舉辦徵文

Point
- ◉拜託顧客寫出動人的介紹文
- ◉向顧客徵求溫馨的介紹文或小故事，並選出優秀作品贈送獎品
- ◉徵求使用商品後的幸福散文或小插曲，運用在廣告上

28 徹底接觸目標顧客

要銷售商品,並不是只要能吸引越多人就越好,重點是要能夠募集到對商品有興趣、能感受到商品價值與魅力的潛在消費者。請準備好從多數人之中區隔出潛在顧客的條件與機制,盡最大努力大量募集精心挑選出來的潛在顧客。

116 實施該項商品本身的贈獎活動

例 ▶ **抽獎贈送○○1箱(盒)**

▶ **抽獎的禮物是1年分的○○**

▶ **抽獎贈送樣品屋**

Point ◉ 運用商品本身作為抽獎等活動的獎品,讓想要這個商品的人越來越多
◉ 以抽獎為條件請顧客回答問卷,沒抽中的人就贈送他們優惠券(折扣等)
◉ 把參加的人都當成未來重要的顧客

117 實施與商品有關事物的贈獎活動

例 ▶ **可另外參加○○元的抽獎活動**

▶ **可抽中○○商品旗艦版**

▶ **可抽中最適合○○的 × × 商品**

Point ◉ 以對商品有購買意願的人想要的獎品來企劃抽獎活動聚集潛在顧客
◉ 實施抽獎活動,以與商品有關的必要配件、周邊產品等作為獎品
◉ 將已購買商品的人下次會購買的人氣商品作為獎品來企劃抽獎活動

118 舉辦煩惱諮詢的座談會

例 ▶ **○○對策講座** ▶ **○○的煩惱一次解決!○○諮商會**

▶ **對於 × × 的煩惱○○諮商人員免費給您建議**

Point ◉以潛在顧客的煩惱解除為題舉辦講座或諮商會
　　　◉為了讓真的很關心問題的人參加，以付費而不是免費（低價）的方式舉辦
　　　◉參加其他的活動，設置相關煩惱的免費諮商專區

119 發送提供有用資訊的電子報

例 ▶ **對○○有幫助的資訊的電子報**

▶ **考慮購買○○的人必需資訊的電子報**

▶ **週刊○○電子報**

Point ◉發送提供潛在顧客想要的大量資訊的電子報
　　　◉讀者只要註冊，就可以獲得進一步的詳細資訊，用階段性方式把潛在顧客包進來
　　　◉設置讀者可參加的提問專區，藉由真實的回答和提問讓顧客有親近感

120 創造能夠體驗免費服務的機會

例 ▶ **舉辦第一次體驗的免費活動**

▶ **僅限初次使用者免費體驗**

▶ **僅限第一次可免費使用1小時的服務**

Point ◉思考設計出考慮購買商品的人免費體驗該商品的機會
　　　◉創造免費體驗商品或服務的機會（活動）
　　　◉針對體驗者提供降低購買門檻的特惠（折扣等）

121 免費提供該項商品的一部分

例 ▶ **贈送○○保養小道具**

▶ **贈送○○教學課本**

▶ **贈送節錄版的免費報告**

Point ◉以商品的一部分能傳達出價值和內容的東西無償贈送
　　　◉贈送的東西，請用品質良好只要得到一部分就會想蒐集其他部分的東西（部分）
　　　◉把很想獲得商品本身的感覺分享與購買時的小禮物等結合一起搭配贈送

| 122 | 贈送高價的附加配件 |

例 ▶贈送原廠導航（導覽）

▶贈送與房間搭配的訂製家具

▶所有飲料免費暢飲

Point
- ◉以潛在顧客絕對會高興得忍不住想要的東西為贈品進行抽獎企劃
- ◉從購買者當中抽獎贈送該獎品並以高中獎率舉辦銷售活動
- ◉舉辦顧客可以參加選擇自己想要的附屬品的活動或抽獎

29 鎖定目標重複出擊

雖說「百發必有一中」，然而在現實生活中，如果不事先決定目標而一味發射子彈，是無法擊中目標的。從促銷的角度來說，所謂亂槍打鳥應該是指「決定目標之後不斷射擊」，這樣才能擊中目標。因此，為了更有效地促進銷售，請一定要以特定條件篩選顧客，決定目標。決定目標後，不厭其煩地與顧客接觸。

| 123 | 將目標具體化以增加接觸機會 |

例 ▶描繪出目標顧客

▶描繪出可以具體想像生活的家庭或背景

▶描繪出家庭成員或朋友的模樣

Point
- ◉具體的想像理想的顧客形象藉由影像化想像看不到的部分
- ◉具體想像目標顧客的生活景象或自家內的樣子
- ◉調查顧客的資訊來源或行動路線
- ◉尋找目標顧客會出沒的地方

053

124 創作給特定人士的商品或服務

例 ▶○○專用商品　▶為了○○的人製作的商品

▶為了○○的女性的××

▶針對很在意○○的30幾歲男性的××

Point ◉試著去思考如果是由○○專用為切入點，商品的內容該怎麼設計
◉用2個以上的條件去篩選標的，搜尋出那個人想要的商品
◉利用有煩惱的年代表現來篩選並配合其他條件想出商品的點子

125 重複測試調查顧客對哪些事項產生反應

例 ▶做個記號以便知道反應是來自傳單或新聞或雜誌等哪一種媒體

▶詢問對什麼產生反應

Point ◉利用工具以便分析目標顧客是對什麼有反應（作記號等）
◉一定要問出購買者是經由什麼樣的廣告或資訊接觸訊息
◉申請的時候請顧客填寫是什麼讓他們有反應

126 在不同時間點重複接觸

例 ▶早、中、晚、半夜　▶○○正當令的時期

▶○○季　▶從○○起第×天　▶○週後

▶○個月後　▶○年後

Point ◉目標鎖定後，改變時間或形式反覆接觸顧客
◉定期或不定期的接觸交互安排
◉準備好幾個紀念日或活動等的接觸切入點

127 明確展現出××（目標顧客）能夠成為○○（追求的狀態）

例 ▶讓對身材沒有自信的女性可以實際感受到窈窕的自己

▶在商業上必須使用英語的人可以輕鬆的用英語交談

Point ◉注意到要讓商品的概念明確
　　　◉把商品的概念用在文案上
　　　◉配合概念重新檢視各個細項
　　　◉配合概念，讓員工的想法或方向性更明確，使大家看著同一個方向

128 對「想做卻做不到的人」提出訴求

例 ▶告訴認為自己「就算想○○也做不到」的你一個好消息

▶給必須養育小孩無法去美容沙龍的人

Point ◉要注意世上有很多想○○卻做不到的人
　　　◉準備好一些優點專門向想做卻做不到的人提出訴求
　　　◉調查為什麼想做卻做不到，並準備好為他們解除障礙的方法接觸他們

30 盡可能提供二十四小時的服務

每個人都擁有不同的生活節奏，因此全天二十四小時，總是隨時有顧客在活動。換句話說，我們必須讓顧客隨時隨地都能接觸到必要的資訊。請隨時留意「顧客能否在任何時間接觸到想要的資訊？」「是否有某些時段，顧客會無法接觸到想要的資訊？」「是否需要讓顧客全天二十四小時都能接觸到想要的資訊？」等問題。

129 利用自動答錄的功能回覆顧客的詢問

例 ▶利用語音留言自動回應查詢

▶配合查詢內容準備幾種內容自動播放回應

Point ◉準備幾種深夜也可以回應顧客查詢的錄音訊息
　　　◉依據查詢內容變更號碼，只要按下按鍵就可以找到顧客想問的內容
　　　◉依據查詢的內容改變電話號碼

| 130 | 利用電子郵件的自動回覆功能來應對 |

例▶▶準備幾個電郵地址自動回信處理

▶依不同的詢問內容提供不同的電子郵寄地址

Point ◉準備幾個針對查詢內容用的電郵地址，利用自動回信功能簡單回覆顧客來信，同時取得顧客的電郵地址
◉製作以電郵來查詢的顧客表單，更容易掌握必須的顧客資訊
◉瞭解註冊電子報的方法

| 131 | 將一連串應對的訊息製作成動畫 |

例▶▶配合提問的模式製作數種影片

▶製作影片解說以便回覆顧客最常提出的問題

Point ◉把最多顧客提問的問題以影片解答並把它放在網路上
◉開設顧客詢問的解答（影片）單元
◉在網路上播放最多顧客提問的問題解答

| 132 | 提供二十四小時的電話與郵件申辦服務 |

例▶▶以輪班制24小時處理

▶將深夜的收件業務委託其他公司處理

▶將查詢電郵分寄給數人處理

Point ◉要能夠計算營業時間外的查詢有多少
◉將營業外的查詢以電話轉送、電郵轉送的方式來處理
◉將營業時間外的回覆業務採輪班制以便24小時都可以處理

31 讓顧客能透過多種不同管道獲得資訊

即使準備了想要提供給顧客的資訊，如果顧客無法接觸到那些資訊，也是枉然。因次必須盡可能準備讓顧客能夠輕鬆接觸資訊的方法或手段。請盡你所能準備讓顧客接觸資訊的提示、契機與管道。

133 製作簡易版與完整版的地圖

例 ▶將區域地圖和周邊擴大地圖都刊載出來
　 ▶地圖上有附近的車站等標記
　 ▶解說從車站出口行走的路徑

Point
- 記載附近容易看到的標記或紀念碑等
- 準備簡單就能理解大概地點的地圖與周邊的詳情或停車場等的地圖
- 記載離最近的車站走路需要多久時間跟距離
- 用言語形容從車站要怎麼前來

134 清楚刊載郵遞區號、地址等資訊

例 ▶刊載郵遞區號、地址、最近的車站、附近的有名設施、附近有名的餐廳、附近的便利超商等

Point
- 要記載郵遞區號和地址，不能省略
- 如果附近有知名的設施就寫「靠近○○」
- 記載附近的便利商店或超市、家庭餐廳等，記載「附近有○○」「右斜前方為○○」

135 刊載電話號碼與免付費電話的號碼

例 ▶刊載 IP（網際網路協議）電話號碼
　 ▶刊載免付費電話號碼
　 ▶刊載 24 小時回應的手機號碼

Point ◉若有IP（網際網路協議）電話號等費用較便宜或是免費的電話應清楚記載
◉記載免付費電話的號碼
◉記載24小時接聽的電話號碼
◉以「營業時間外請打電話至○○」告知手機號碼等

136 刊載傳真洽詢號碼

例 ▶記載（免付費的）傳真號碼

▶配合內容準備數支傳真號碼

Point ◉記載傳真號碼並寫明「營業時間外的查詢請不要客氣傳真至○○」
◉把傳真查詢用的填寫表格放在網路上供下載
◉訂購用的傳真號碼跟查詢用的傳真號碼要分開

137 刊載網站的網址

例 ▶在網站的首頁揭載網址

▶揭載常見的問題和解答（Q & A專區）的網址

Point ◉在廣告傳單上寫出網址或是手機專用的網址
◉寫上查詢專用的頁面和Q & A專用的頁面連結網址
◉寫出商品說明頁面或用影片說明的頁面網址

138 刊載QR Code等資訊

例 ▶做成讓手機的BARCODE READER可以閱讀

▶把幾個網頁做成可以直接點擊進入

Point ◉印出可以直接連結商品解說頁面的QR Code
◉想讓顧客閱讀詳細資訊時，就在該處也印出可以直接連接網頁的QR Code
◉為說明詳細地圖，在地圖旁邊也印上引導至網站解說頁面的QR Code

139 介紹附近舉辦,很受歡迎的活動情報

例 ▶ **介紹店附近舉辦的活動資訊**

▶ **配合附近的活動企劃服務或商品**

Point
- 介紹附近舉辦的祭典或活動,讓顧客記得本店與活動有關連
- 潛在顧客會因活動順道過來而介紹活動
- 配合附近舉辦的活動也舉辦促銷或是製作商品、發送傳單

140 提供容易搜尋的「關鍵字」

例 ▶ **立刻寫出「現在就用『○○○○』搜尋!」**

▶ **刊載搜尋視窗中輸入關鍵字的示意圖**

Point
- 介紹一搜尋一定會出現在最上面的簡短關鍵字
- 刊載搜尋視窗的示意圖,在框框中放入你要顧客搜尋的關鍵字
- 即使搜尋也不會出現在最上面的話,就引導顧客以兩個關鍵字搭配組合來搜尋

141 刊載諮詢、查詢用的電子郵件地址

例 ▶ **設置諮商、查詢專用的電郵表格讓顧客可以簡單地填寫詢問內容**

▶ **查詢專用的電郵地址**

Point
- 把諮商或發問內容依選擇式項目表格分類
- 查詢的時候要把發問的內容或發問時必填的項目分開來讓顧客方便填寫
- 為了讓顧客方便輸入查詢專用的電郵地址,網址必須簡短

32 定期且重複與顧客接觸

你應該一直還記得以前曾經數次見面的人吧？一旦不再相見，就會逐漸淡忘，甚至隨著時間的經過而完全忘記，如果沒有特別的原因，也不會特別想起。所有資訊，道理皆然。因此，為了不讓顧客忘了你，你一定要定期與顧客頻繁接觸。

142 發送電子報

例 ▶月刊（週刊）電子報（雜誌）

▶定期電子報搭配不定期的○○電子通信發送

Point
- 定期的發送與顧客接觸的電子報，而舉辦活動時就發送不定期的臨時通知
- 加上銷售拍賣資訊，並製作與顧客交流的天地
- 定期運用顧客編號等舉辦贈獎企劃，使顧客會去閱讀

143 定期寄發DM

例 ▶用明信片定期寄送○○通訊　▶依季節寄送郵件

▶定期寄信或寄送○○的介紹

Point
- 思考寄送實體明信片、信件類等不同的內容或企劃
- 以定期接觸為目的，企劃實體信件內容並寄送
- 準備只有收取實體郵件的人才能得到的來店特別禮

144 製作情報雜誌並定期發送

例 ▶資訊雜誌「○○通信 × 月號」　▶給顧客的信

▶網羅給顧客的優惠情報的○○新聞

▶○○資訊快遞

Point ●製作顧客想要的資訊或愛用者的使用心聲的資訊雜誌並定期寄送
　　　●加入許多商品的相關資訊或新的提案
　　　●設置讀者參加天地或由讀者通知的單元，也可以使用在顧客的公告資訊上
　　　●刊登顧客寄來的照片或信件

145 定期撥打電話問候

例 ▶電話詢問「商品的狀況如何？」

　▶電話詢問「有無不便之處？」

　▶○○活動的介紹電話　▶○○紀念的電話

Point ●設計出一個系統以便定期用電話問候顧客
　　　●用實質郵件和電話的問候搭配組合
　　　●生日或紀念日的時候利用電話或電報等進行祝賀問候
　　　●決定好跟每個顧客打電話的週期

146 不斷重複定期訪問

例 ▶1(3)個月訪問一次　▶半(1)年訪問一次

　▶每個區域定期訪問　▶○○紀念日訪問

　▶季節變化時的訪問　▶○○的問候

Point ●思考定期（免費）維護等此種容易造成定期訪問的理由
　　　●準備紀念日等日子的禮物以便定期訪問
　　　●讓過年的時候、中元節、季節變化的時節等變成定期訪問的好時機

147 提供免費的定期檢查（清潔）服務

例 ▶○個月一次免費清掃服務　▶6個月後有免費檢查服務

　▶1(3)年後有免費修補（維護）服務

Point ●以令顧客高興的免費定期服務製造接觸顧客的機會
　　　●思考以免費的修補服務、免費定期檢查服務、免費清潔（清掃）服務等站在顧客需要的觀點做的定期免費服務

148 贈送印有店名的日常用品

例 ▶用寫著店名的相框放入家族照片贈送

　　▶加入名稱的月曆　▶寫上名稱的掛鐘　▶印著店名的便條紙

Point ◉在顧客日常生活中身邊會放的東西或是經常使用的東西印上店名當作禮物贈送
　　　◉將月曆等經常會映入眼簾的東西上印上店的名稱及電話號碼做為禮物贈送
　　　◉在廚房或浴室等顧客會長時間度過的場所會放置的東西裡加入店名並當作禮物贈送

33 在各種情況下叫出顧客的名字

在現實生活中，除了等待叫號時，很少會聽到其他人呼喚自己的名字。但是在提供頂級服務的地方，幾乎從頭到尾，都會以姓名稱呼顧客，並給予顧客最好的接待。無論何時何地，當其他人呼喚自己的名字，顧客都會留下特別深刻的印象，覺得自己備受重視。因此請在各種情況下以姓名稱呼顧客。

149 在對話中多次提及顧客的姓名

例 ▶提供服務時要稱呼顧客的名字

　　▶洽談中要放入顧客的名字

　　▶透過電話稱呼顧客的名字

Point ◉在與顧客接觸的機會裡，要留心在對話中稱呼顧客的名字
　　　◉在洽談的開始跟最後一定要稱呼顧客的名字以便給對方留下好印象
　　　◉即使是電話也要在對話中加入顧客的名字

150 在郵件等文章中提及顧客的姓名

例 ▶在信或電郵中放入顧客的名字

　　▶在文末或附筆的部分要再稱呼一次

Point ● 給顧客的信或明信片的文中要放入顧客的名字
　　　● 最初的問候語跟最後的結尾部分或附筆部分都要在稱呼時加入顧客的名字
　　　● 使用印好的明信片也要用手寫寫上顧客的名字和訊息

151 在座位或房間標示顧客的姓名

例 ▶ **在入口處寫上本日顧客（名字）的牌子**

　 ▶ **座位（房間）的謝卡上要寫顧客的名字**

　 ▶ **在菜單卡上寫上名字**

Point ● 在顧客眼睛看得到的場所以歡迎的心意寫下顧客的名字
　　　● 製作一個空間或牌子填寫本日顧客的名字
　　　● 思考是否可在顧客手邊放置的東西上加上顧客的名字

34 展現出在乎顧客的態度

顧客總是希望自己備受重視、備受禮遇。儘管以店家的立場會覺得自己十分在乎顧客，但實際上顧客往往感受不到。因此，我們必須透過一定的形式、態度，讓顧客明確地感受到自己很受重視。

152 定時出聲詢問顧客的狀況

例 ▶ **給水（加水）**

　 ▶ **在等候時贈送一道「開胃小菜」**

　 ▶ **出言問候一聲**

Point ● 要出聲表現出對顧客的關照
　　　● 給等候的顧客要一些服務（給水、倒茶、提供一道小菜等）
　　　● 製作工具檢查有沒有定期問候顧客

153 推薦獨創的特別菜色

例 ▶只有特別狀況才會有的創意菜單

▶只對特別的顧客才介紹的限量推薦○○

Point
- 準備通常不會介紹的特別菜單或一道菜介紹給顧客,告知「這是特別的東西」
- 製作只介紹給特殊顧客的菜單
- 將菜單分為三階段若成為常客就可以提高一個階段
- 贈送一道特別準備的菜

35 在有集客力的位置設立販賣點

如果沒有讓顧客願意特地前來的魅力,想要獨自吸引顧客是非常困難的。若不想為了吸引顧客而花費太多成本或勞力,設立門市的地點就要選擇在具有集客力的地點或附近,或是顧客前往時所經過的路徑或動線,請試著思考如何徹底運用這些有集客力的設施,以便接觸前來使用的顧客。

154 在建築物裡人流較多的通道設置販賣處

例 ▶在電扶梯前設特賣區

▶在電梯前設特賣區

▶在美食街內設特賣區　▶沿著通道設特賣場

Point
- 尋找有集客力的設施裡可以運用通道設置販賣區的地方
- 找找有沒有電梯等顧客會滯留的地點可以運用來設販賣區的地方
- 在製造便於移動的通道的同時,思考可否在兩旁設置販賣區

155 借用具有集客力的異業企業（商店）的空間

例 ▶於其他業種的店內設置臨時賣場

▶在人氣企業中開店

▶在通行量多的車站或地下道中開店

Point
- 檢討是否可以向顧客形象類似或是一樣的其他店租借空間
- 思考是否可以向對目標客層有集客能力的其他業種租借空間
- 不拘泥於業種，思考有沒有可以在大型企業的辦公室或事務所中販售的方法

156 在具有集客力的競爭對手旁邊設立門市

例 ▶在同業種有集客能力的店鋪隔壁開店

▶在販賣多種商品的店鋪隔壁開設專門性高的專賣店

Point
- 檢討看看是否在人多的競爭商店周邊開店
- 不要讓自己推出的商品跟人氣競爭對手重複，以類似的商品作為一個選項，思考這樣是否會讓顧客高興
- 為了與競爭對手差別化，思考是否可以推出更具專門性的商品

36 尋求擁有共同利益的協力單位

相信你的周圍一定有目標客層與你類似的行業。如果其中有顧客在接受你的服務之前或之後會前往消費的行業，請特別和對方建立合作關係。相互介紹彼此的服務，共享彼此的顧客，為顧客準備特殊禮遇，讓顧客對你更加忠誠。

157 與其他人（公司）合作開發共同促銷的工具

例 ▶每個季節製作共同的廣告單或型錄等促銷工具

▶共同舉辦以購買者為對象的促銷活動

Point ◉ 與顧客形象（目標顧客）一樣或是類似的其他企業（店家）共同製作廣告傳單或型錄再分擔費用並發給彼此的顧客
　　　◉ 買了A則B就可以便宜○○元，企劃像這樣的共同促銷
　　　◉ 也可以檢討A與B一起買的話就可以便宜一點的方式

158 合作促銷彼此的商品或服務

例 ▶ 互相以產品或服務贊助彼此的活動

▶ 用商品作為促銷的獎品贊助請對方幫忙宣傳

Point ◉ 請共同促銷的企業贊助商品作為活動或促銷的獎品，以為對方說明或宣傳商品的方式為代價彼此合作
　　　◉ 在舉辦活動時請對方以提供試用品作為最先購買客或抽獎大會的獎品

159 在彼此的廣告中介紹對方的商品

例 ▶ 在介紹商品的形象照片中與其他公司的商品交互穿插

▶ 彼此商品互相組合的方式作為推薦商品加以介紹

Point ◉ 思考如何在彼此的商品型錄中或生活場景中所使用的畫面裡，很自然的融入互相贊助的企業商品
　　　◉ 在商品說明或銷售的場景中，彼此推薦彼此的商品
　　　◉ 針對彼此的商品交換詳細情報

160 與協力廠商相互利用彼此的良好形象

例 ▶ 運用其他公司的形象人物（標誌）

▶ 運用其他公司的品牌形象

▶ 把其他公司的商品運用在演出上

Point ◉ 借用品牌（商品）形象好的合作企業商品或商標運用在商品的畫面影像中當作演出道具
　　　◉ 試著把合作對象的商品運用在店頭的陳列或表現上
　　　◉ 在宣傳的影像中讓合作企業的商品或標誌出現強調彼此的合作關係

鎖定目標消費者 **Part ❷**

37 盡量靠近想要購買商品的顧客

如果在你十分想要某項商品的時候，恰巧附近就有地方買得到，相信你一定會立刻購買。也就是說，只要在想要某商品、或想買商品的顧客所在之處創造隨時都能購買的狀況，就能輕鬆銷售商品。請盡量靠近想要購買商品的顧客，創造隨時都能購買的狀況。

161 在目標顧客聚集的建築物周邊設立門市

例 ▶以家庭為對象的服務業就在住宅地的一角開店

▶在新興住宅區開店　▶在外調人員很多的地區開店

Point
◉想想看有沒有聚集較多潛在顧客（目標顧客）的場所
◉調查該地的土地屬性或生活模式等，並檢討是否類似於目前的顧客預想
◉分析使用者大多住在什麼樣的區域有沒有固定模式

162 在目標顧客聚集的場所提供臨時的販售服務

例 ▶在祭典或活動時臨時參加展出　▶移動型販賣車

▶在展示會等開設臨時攤位

▶以派對形式販賣

Point
◉若有潛在顧客（目標顧客）較多人聚集的活動或展示會，檢討是否可在該場地設攤販賣
◉製作在店舖以外販賣的移動販賣車或活動販賣工具，以便隨時可以運用
◉企劃活動，將潛在顧客聚集在店舖之外的地方，並到該地設攤販賣

163 透過網路、手機網站等進行銷售

例 ▶開設線上購物網站　▶開設手機可對應的線上購物網站

▶精選商品的廣告傳單（型錄）線上購物

Point ●現在的商品或是一部分商品也可以,檢討是否可以透過線上購物
　　　　●製作針對電腦、手機使用的線上購物網頁
　　　　●強調可以透過線上購物,並清楚寫出詳細的商品相關資訊

164 在目標顧客聚集的活動會場舉辦免費的座談會

例 ▶有關於○○的免費諮商會

▶為正在考慮○○的人所做的免費評估會

▶聰明的○○分辨方式講座(研習會)

Point ●贊助潛在顧客多的活動或展示,舉辦免費的諮商會或免費講習等
　　　　●企劃可以聚集潛在顧客的歡樂活動,並在活動的一角準備免費的諮商空間
　　　　●舉辦聚集許多同業的大規模免費諮商會,「去○○就可以得到一切煩惱的諮商」

165 開發各種類銷售網路(銷售管道)

例 ▶本公司直營的銷售網　▶加盟方式的銷售網

▶運用代辦業務(代銷)的銷售組織　▶處理批發銷售

Point ●檢討是否可以創造出不需要在商店販賣的銷售路徑(組織)
　　　　●檢討代銷、加盟店等各種銷售方式
　　　　●試著推敲是否可以讓顧客群相似的其他公司銷售組織代為販售

Part 3

給予提示，
讓顧客一眼看見你

> **用能夠讓顧客注意到的方式傳達資訊**

　　有時候即使在顧客的眼前就有對他們有利的資訊，顧客也可能完全沒有注意到。主要的原因可能是顧客真的沒有發現資訊的存在，也可能是顧客的大腦認為該資訊與自己完全無關而加以忽視。

　　想要提供給顧客的資訊，如果顧客沒有注意到，再怎麼傳達也是徒勞無功。因此必須想辦法讓顧客至少能夠先注意到資訊的存在。請考慮顧客的視線（視點），確認該資訊能夠進入顧客的視野，很容易被看見，並盡可能突顯該資訊的存在。

　　接著，必須強調這些資訊與顧客息息相關，是特別為了顧客而存在，對顧客來說不可或缺，並給予提示，讓顧客能夠注意到這些訊息。

給予提示，讓顧客一眼看見你 Part ❸

38 設計讓顧客可以自然行動的機制

當正在消費的顧客能夠舒適而自然地行動時，就能專注於購物。為了確保顧客的舒適，一定要了解人類的欲望、本能、生理以及物理的狀況，打造「順應人性的本能，讓顧客能夠快樂購物」的賣場或購物機制。

166 讓顧客只看見想讓他們看見的訊息

例 ▶牆上只揭載我們想傳達的訊息

▶把多餘的資訊遮起來

▶把想告知的部分上色（有顏色）

Point
- 除了最想表達的東西以外其他多餘的資訊可以遮蔽
- 只把想表達的部分上色，讓顏色和其他部分明顯不同而顯得醒目
- 只把想表達的話用一句訊息或關鍵字用印象深刻的方式表示

167 設置一些機制，讓顧客會在想讓他們看見的東西前方停下腳步

例 ▶放置阻斷通道的東西　▶設下會突然發出聲音的機關

▶加上簡單的門　▶在地板上貼阻止前進的貼紙

Point
- 在想讓顧客看或讀的東西前方放置障礙物或用發出聲音或光亮的機關留住顧客的腳步
- 如果是會有等待時間的地方，就放置椅子，在剛好能進入視線範圍的地方顯示想要傳達的內容
- 藉由「停！」「請在這裡暫停一下」等標示留住顧客的腳步，把想傳達的東西給顧客看

168 將想讓顧客觸摸的物品放置在容易拿取的地方

例 ▶在手容易拿取的地方製作架子放置商品

▶把想讓顧客接觸的東西集中在同一處

▶寫上「請拿起來看看！」

Point ◉思考手很自然容易拿取的位置，把希望顧客拿起來的東西放在那裡
◉在手容易拿取的地方準備架子或陳列空間
◉想讓顧客拿起來試試看的東西就標示「請隨意拿起來試試看」等標語

169 在顧客耳邊低語，傳達真正想要傳達的訊息

例 ▶播放輕聲細語般的聲音　▶好像在喃喃細訴似地對顧客講話

▶寫出低聲耳語般的文章

▶在說出重要的詞句前先把音調降低

Point ◉試著把重要的話語用彷彿在耳邊低語的方式表達
◉要說出重要的詞句前先降低音調，使自己更靠近對方
◉故意說「這不能講得太大聲……」，讓對方自己往我們靠近

170 在可以休息的地方放置想讓顧客看見的東西

例 ▶在椅子或桌子等周邊進行展示或宣傳

▶在休息區設置影像螢幕

Point ◉在店裡設置顧客可以休息的場所，擺放椅子等物，在從該處很容易看到的位置製作宣傳空間
◉在容易看到宣傳空間的場所擺放桌椅等使顧客可以悠閒地觀看

171 營造可以停下腳步稍微休息的氣氛和場所

例 ▶創造一個不太需要在意他人眼光的場所

▶把可以悠閒休息的地方變成陳列處

▶準備一個可以停下腳步的地方

Point ◉創造一個有香味的、感覺涼爽的、或播放輕鬆音樂等可以放鬆的地方
◉創造一個可以放心觀看陳列稍作放鬆的地方
◉準備一個可以暫時停下腳步思考的空間

39 以「大家都一樣哦」讓顧客覺得安心

人是很奇怪的生物，當被告知「四周的人都和我一樣」就會覺得很安心。或許是基於不想做出錯誤選擇的心理，所以人們會和四周的人選擇相同的事物。請運用「大家都一樣哦」這個關鍵字，讓顧客覺得安心，進而順利說服並引導顧客選擇你希望顧客選擇的方向或項目。

172 讓顧客明白許多人跟他一樣有相同的煩惱

例 ▶「95%以上○○的人都在為××而煩惱」

▶「有許多人都來找我們商談○○的事情」

Point ◉以資料顯示顧客所面臨的煩惱與許多人相同，在讓顧客安心的同時，讓對方感覺到這個煩惱是切身會發生的事情
◉告訴顧客雖然許多人有這個煩惱，但有些人煩惱已經解除的事實，並且將顧客引導至解決方法的提案或說明
◉將數據資料以對大多數人有意義的方式表現出來

173 讓顧客知道多數顧客的選擇

例 ▶「來本店的顧客有○○%都選擇這個」

▶「半數以上的顧客都選擇這個」

Point ◉告訴顧客過半數或大多數人的選擇是什麼，降低選擇的門檻，讓顧客更好選擇
◉挑選出實績資料中過半數的選擇，將此部分以表或圖的方式讓顧客更容易明白
◉當顧客的選擇比例高得驚人時，可以試著將此百分比或比例數字當成謎題給顧客猜

40 提供顧客從競爭對手產品更換成自家產品的理由

原本是競爭對手忠實顧客也有可能改變，轉而選擇你的商品或服務。雖然可能是因為你擁有吸引顧客的魅力，但真正的理由其實只有「比競爭對手優異」而已，請去了解背後的原因，將其視為武器（工具），來吸引更多的顧客。

174 將顧客更換品牌的理由當成文案

例 ▶我更換品牌的理由是「因為○○」

▶「因為○○，所以我換成了這個」

▶「因為曾經○○，所以我就換成××了」

Point ◉把顧客從某個商品換成另一種商品的理由，用「應該要換的重要理由」的方式表達

◉用問卷調查或是發問蒐集顧客從其他商品換成自己公司商品的理由

◉更換的理由用「因為○○所以我換成這個」這種具有衝擊性的表現加以運用

175 公布與其他品牌相較後選擇自家商品的理由 Best 3

例 ▶選擇○○的理由前三名

▶選擇○○的理由排行榜

▶為什麼我會更換成○○？3個要點

Point ◉對從其他公司（其他商品）轉移過來的顧客進行問卷或口頭調查，把他們選擇本公司的理由排行榜做成表格展示在店頭

◉將改變（選擇）的理由濃縮到前三（十）名，用更容易瞭解的「換成○○的理由前三名」等方式表達

◉精選變更（選擇）的理由，整理出簡單明瞭的傾向

41 首先,想辦法創造「人潮」

當人們看見人群時,會覺得好奇「為什麼有這麼多人?」為了確實讓顧客發現商店等事物的存在,必須要刻意創造人群,讓商店的存在被看見,並留下「那間商店很受歡迎」的印象。請計劃性地創造人群,吸引顧客的目光,使顧客產生興趣。

176 發送限量贈品給前○○名的顧客

例 ▶ **限時3天內,贈送每天的前100位顧客特製的××禮物**

▶ **12點開始前○○名顧客可以選擇一道喜歡的××免費贈送**

Point
- 限定開幕活動等從第1天起3天內左右依先到的順序贈送獎品
- 費點心思將時間分成幾個區段,每次都發放號碼牌等,讓排隊的隊伍不會斷掉
- 在想讓人看見大排長龍的時段開始服務或是發放參加券或號碼牌等

177 為前○○名顧客打造限量商品(服務)

例 ▶ **前20名顧客才能享受限量的夢幻○○特別定食**

▶ **限定每天的前100名顧客才有的特別套餐**

Point
- 思考看看是否可以製作價格便宜到令人訝異的限定商品或服務
- 將套餐的豪華特別附餐以平常的價格提供給先來的顧客
- 希望顧客知道味道或品質的東西用破盤價限定人數提供給先來的顧客

178 發送限時的招待券給顧客的親朋好友

例 ▶ **發送限期使用的半價服務券等給親友與相關的人士**

▶ **發送限期使用的○○%折價券給親友**

Point ◉發送給認識的人、友人、相關人員或其家族限期使用的服務券並請他們在開幕期間來店
◉思考可否拜託友人或認識的人來店光顧，並在日後才退還費用等，有計畫地設計出客滿的樣子
◉進行縮短營業時間等調整，盡量將顧客集中起來

179 讓先到的顧客可以用低於半價的驚人價格享受服務

例 ▶限定3天內可以用低於半價的500元的價格，提供○○給前100名顧客

▶前50位顧客可以驚人的4折優惠買到○○！

Point ◉限定期間，用低於一般價格的半價以下提供給先來的顧客，迅速累積人氣
◉促銷活動期間，考慮精簡菜單或品項以便提高效率
◉在清楚表達促銷理由的同時，也要將優惠的商品好處做最大的宣傳

180 提供兩人同行的總計花費的優惠折扣

例 ▶2人同行則合計的餐飲費用只要半價！雙人成行折扣

▶2人一起參加的話，其中1位當場給與半價優惠

Point ◉思考盡量給予2人同行的顧客優惠的價格
◉思考2人同行○折、2人同行1人免費、2人同行甜點免費、2人同行飲料免費等優惠
◉「既然要去，絕對是2個人一起去才划算」訴求這一點的同時，也要明確的說明有多麼划算

181 提供人越多賺越多的團體折扣

例 ▶3人同行打7折、5人同行打5折等人數折扣促銷活動

▶贈送人數×1000元的折扣券

Point ◉思考隨著人數增加，優惠也會增加的價格系統
◉用簡單明瞭的特惠條件內容說明客人的人數增加的話，特惠會有什麼樣的變化
◉準備好如果人數增加，金額以外的服務也會增加（品項、○○吃到飽的品項數目）的優惠

42 讓訊息更容易被讀取

難得準備了資訊與文案，如果無法讓目標顧客看見，就等於不存在。因此如何使想要傳達的資訊更容易被讀取，就十分重要。請盡可能讓訊息更容易被看見、更容易閱讀、更加鮮豔、更加容易理解、更容易映入眼簾。

182 加強明暗的對比

例 ▶ **讓背景色與想讓顧客閱讀的文字顏色差別更清晰**

▶ **把想讓顧客看的東西用更容易看清的照明打亮**

Point
- 讓希望顧客閱讀的文章的背景顏色跟文字顏色對比明確
- 在希望顧客閱讀的文字周邊打上照明使它清晰可見
- 把希望顧客閱讀的文字或文章的背景部分（空白部分）擴大使文字更方便閱讀

183 放大文字或標誌

例 ▶ **將文字（標記、記號）放大**

▶ **放大金額顯示**　▶ **放大照片**

▶ **把要吸引注意的部分放大**

Point
- 想表達的東西或想讓顧客閱讀的部分盡可能放大
- 單獨放大希望突顯的文字或記號或使用粗體字
- 單獨把想傳達的部分用放大表示
- 檢查是否在稍有距離的地方也可以看清楚

184 讓色調、色彩更加鮮明

例 ▶ **做成醒目的顏色**　▶ **做成該商品群沒有的顏色**

▶ **做成原色系的顏色**　▶ **將文字周邊的顏色弄暗**

Point ◉檢查商品或文字、背景的顏色對比是否易於閱讀,是否醒目
　　　◉選擇在明亮的背景色上用暗色的文字,或是暗色的背景用明亮的文字顏色
　　　◉利用色票了解目前的背景色是否易於辨識

185 設置在顧客容易看見的位置(高度、地點)

例 ▶把以孩子為對象的商品放在低的位置

　　▶以男性為對象的東西放在高的位置

　　▶在坐著的顧客容易看見的地方設置導覽

Point ◉要想著不同顧客(目標顧客)容易看見的地點來規劃賣場
　　　◉規劃賣場時要實際以顧客的身材高度,手可以接觸的範圍等加以檢驗
　　　◉網頁也是,要看顧客是用手機還是電腦,兩者完全不同,要設法追求兩者閱讀的便利性

43 以能夠觸動不同感官的方式來呈現

顧客不會只以一種感官來感受事物,選擇商品時尤其如此。為了避免做出錯誤選擇,顧客會透過五感來感受事物的價值。因此,必須要準備觸動顧客五感的設計與呈現方式。請立即確認並加以調整。

186 直接利用接觸瞬間立刻說出來的感想

例 ▶這是什麼?軟綿綿的!　　▶比想像中的還光滑

　　▶手上有扎實的重量感　　▶按下去會彈起來的彈性

Point ◉把摸到的瞬間感覺到的素材、質感說出來,直接用口語化的方式來表現
　　　◉養成經常把摸到的感覺說出口的習慣
　　　◉讓小孩或女性觸摸,詢問「摸起來是什麼感覺?」,直接運用他們說出來的話

187 呈現立體的形狀與位置關係

例 ▶爬上陡峭的斜坡,往下看的絕妙景色是○○

▶穿過狹窄的小路打開那扇古老的門,在那裡是截然不同世界的○○

Point
- 不要用平面的文章,而是用就像浮現在眼前的畫一樣,以立體的感覺來表現
- 加入讓人感覺深度或距離、立體感的表現
- 讓顧客可以想像這些存在的東西彼此的位置關係
- 詳細描寫東西的形狀

---

188 將需要豎耳聆聽的聲音化為文字

例 ▶彷彿枕邊就有一條小河般,可以聽見小河潺潺的流水聲

▶蔬菜和雞肉的美味溶出的咕嘟咕嘟聲真是○○

Point
- 把實際上豎起耳朵傾聽就可以聽見的聲音用言語來表達
- 用狀聲詞表現聲音
- 關注與商品或服務有關係的聲音部分,將它當作一種價值加以運用
- 就像寂靜或雜音、生活音等等特別的語彙一樣,以讓聲音有意義的方式來表現

---

189 加強香氣與氣味要素的表現

例 ▶好想呼吸一下甜甜的○○

▶引誘食慾的○○味道

▶就像剛洗完澡一樣清爽的○○

Point
- 留心經常說出來表現香味或味道的話,並把這些表現方式記錄下來
- 在商品的價值中注意香味或味道的要素以表現出新價值
- 試著把現在的商品加上香味看看是否能產生新價值

---

190 專注於表現放在舌尖那一瞬間的感覺

例 ▶一放到舌頭上瞬間就溶化消失

▶含到嘴裡的瞬間,一股說不出的好滋味就在嘴裡氾濫開來

Point ◉含在嘴裡的瞬間、一放到舌頭上的瞬間等，把那一瞬間的感覺用言語表現出來
◉不要用美味可口來表現，而是用其他的話來讓人聯想到美味可口
◉「在嘴裡氾濫開來」、「在口中變成了○○」、「在舌頭上變成了○○」等，靈活運用這種固定的表現模式

191 加上嗅覺與味覺的感受來表達味道

例 ▶彷彿纏繞在舌尖上的○○　▶穿透鼻間的辛辣
　▶舌頭劈里啪啦的燒
　▶還想再多聞聞那股香味

Point ◉要記得用鼻子和舌頭這兩個感覺（嗅覺和味覺）搭配組合來表現
◉使用舌頭的感覺到鼻子的感覺、鼻子的感覺到舌頭的感覺這兩種流程模式
◉表現出有餘韻的感覺
◉用兩種刺激的感覺來搭配表現

192 使用「色彩」元素呈現視覺的感受

例 ▶令人目眩的紅色真是○○　▶對眼睛溫柔的綠色
　▶染上了晚霞色彩的○○　▶散發光澤的黑色○○

Point ◉在表現中加入顏色的元素
◉使用令人印象深刻的顏色或具衝擊性的顏色表現出真實感加深印象
◉在會話中大膽加入顏色的要素
◉檢查文章的時候檢討什麼地方可以加入顏色的要素

193 將高興時的「動作與行動」轉化為文字

例 ▶忍不住××勝利的姿勢
　▶一旦○○，就不由得微笑
　▶太高興了，忍不住想告訴別人

080

- Point ◉除了「喜悅」、「開心」等直接表現的文字以外,用「高興時的動作或行動」來表現高興
  - ◉注意觀察人在高興的時候的動作和接下來的行動
  - ◉替換不同的詞句來表現喜悅的表情

44 以購買後的顧客是如何地幸福作為訴求

顧客購買商品後會不會後悔,取決於顧客購買後是否感到幸福。相對地,顧客會以想像購買後能夠獲得的幸福,來決定是否購買商品。因此,請使用具體的置入方式,讓顧客的腦海中自然浮現購買後的幸福畫面與場景。

194 讓顧客看見擁有該項商品後的幸福生活場景

例 ▶表現出餐桌、旅行、畢業典禮、結婚典禮、派對、兜風、約會、運動、野餐等幸福的模樣

- Point ◉商品自然融入幸福場景中的影像
  - ◉快樂的餐桌上除了食物之外還放了商品的畫面
  - ◉在充滿歡笑的影像中自然地讓商品融入其中

195 展現購買後所發生的好事

例 ▶使用某個教材之後考試就合格了的小故事

▶因為有人贈送了某商品後每天都變得很快樂的小故事

- Point ◉像說故事般敘述購買商品之後發生的幸福小事
  - ◉蒐集顧客購買後體驗到的美好故事再加以運用
  - ◉用一開始的辛苦和苦難,一直到後來抓住幸福的故事走向來表現

196 讓顧客看見使用商品時滿臉笑容的場面

例 ▶因為那個商品而突然改變表情的一幕

▶有了那個商品就展開笑容的一幕

▶實際感受到效果而展開笑容的一幕

Point ◉表現出使用商品前感到不滿的表情在使用後就轉為笑臉的一幕
◉讓顧客透過影像從表情的變化聯想到商品的效果
◉把商品和笑臉搭配組合成一個影像給顧客觀看
◉用言語和表情表現出因為使用商品引發的感情變化

197 讓顧客將笑容與商品聯想在一起

例 ▶拿著商品展開笑容的一幕

▶笑顏逐開地使用著產品

▶把各種笑臉的照片使用在形象上

Point ◉用帶著笑容拿著商品的一幕或是抱著商品笑的一幕來表現
◉表現出笑著使用商品的一幕或是商品拿到手上的瞬間就展開笑顏的一幕
◉利用與顧客層形象接近的各式各樣的人物的笑容連結商品

45 透過「提問」喚起顧客隱藏的情感

當其他人突然提問，即使我們想要刻意忽略，也會忍不住思考答案。同樣地，當對顧客提問時，也有機會能夠喚醒顧客隱藏與遺忘的情感。設想數個與商品或服務有關的問題，開口詢問顧客，試著喚起顧客隱藏的情感。

198 詢問顧客「有沒有忘了○○（某件事）?」

例 ▶「○○的你，有沒有忘了××？」

▶「你是不是忘了有○○？」

▶「你今天○○了沒？」

Point ◉將針對目標顧客的表現當成開場白，然後再提醒有沒有忘記什麼事？
◉以讓顧客發現用了這個比較好你卻還沒用的方式表現，提醒顧客「你○○了沒？」
◉用像在提醒面前的人一樣，稱呼你為「○○的你」的方式表現

199 詢問顧客「不會想成為○○（想成為的狀態）嗎？」

例 ▶「想不想被說很像○○？」

▶「你想不想變成○○？」

▶「你難道不想被稱讚『真是○○呢』？」

Point ◉讓顧客描繪出想像中的理想形象，然後詢問他們想不想成為那個理想形象
◉把話改成希望第三者怎麼看你，然後問顧客，是不是希望被那樣看待
◉更真實的表現出理想的姿態

200 詢問顧客「不會感到○○（心中不安）嗎？」

例 ▶「你對○○不在意嗎？」

▶「你對○○有沒有感覺到不安？」

▶「你擔不擔心○○？」

Point ◉把某件事情代換成不安的元素進行提問
◉以這種不安的元素任何人都適用為前提來敘述表現
◉在某個元素不足的狀態下詢問是否會感到擔心
◉提醒顧客是否有點在意某件事

201 提出平時就會感到疑惑的問題

例 ▶「為什麼會○○？」

▶「藝人為什麼都○○？」

▶「○○的人都是怎麼樣××的？」

Point ●利用像是捫心自問的表現觸及顧客的內心
●表現出只針對目標顧客後並對他們提出疑問
●藉著丟出疑問，讓顧客自然地意識到問題的內容

202 詢問顧客假裝不在意的事項

例 ▶「不覺得○○變緊了嗎？」

▶「不覺得變得○○了嗎？」

▶「不覺得有一點○○嗎？」

Point ●讓顧客想起不太想發現或有點在意的事情
●舉出平常容易忽略的一點小變化或症狀等讓顧客察覺
●提醒顧客「沒有那麼一點點在意嗎？」「是不是有一點在意呢？」

46 在某些地方使用「手寫文字」

你常看見的文字，幾乎都是為了容易閱讀而加工過的文字吧？電腦印刷的文字排列雖然容易閱讀，卻感覺不到文章內容的變化。因此，如果真的有想要傳達的訊息，可以利用「手寫文字」來突顯。想要強調的地方，不管是文字、簽名、標誌或符號，請用手寫文字來表現。

203 製作手寫菜單或型錄

例 ▶ **手寫本日菜單**

▶ **用手寫本日推薦的部分**

▶ **製作有手寫部分的商品型錄**

Point ● 思考看看有沒有什麼在顧客眼睛看得到的工具上可以用手寫方式表現

● 檢討看看有沒有什麼道具用手寫可以帶給人親近感、人味,可以散發出職人的氣質等以便提高價值

● 只有每週更換、每日更換的菜單用手寫方式表現

204 加上手寫姓名或簽名

例 ▶ **顧客的名字用手寫方式填寫**

▶ **在給顧客的話最後用手寫方式簽名**

▶ **用手寫的座位牌**

Point ● 在印刷品上加入用手寫的部分可以給人溫暖的印象

● 顧客會拿在手上的東西就用手寫的方式寫上姓名

● 給顧客的話等印刷好的東西上最後要加上手寫的簽名

205 利用手寫文字加上打勾記號讓重點更醒目

例 ▶ **在型錄等文字中用手寫字體加上打勾記號**

▶ **加入手寫的○記號**　▶ **加入手寫的箭頭記號**

Point ● 在印刷好的型錄或傳單上用手寫方式加上記號(○形、打勾記號、箭頭等)

● 在印刷品中,把想要突顯的部分重疊印上手寫字體的記號

● 在完成的印刷品上用手寫方式寫下實際的重點或是畫底線

206 用手寫字寫下「這裡是重點！」

例 ▶用手寫「這裡很重要！」

▶用手寫「這個很推薦！」

▶用手寫「這裡必讀！」

▶用手寫「重點在此！」

Point ◉用手寫或手寫風格寫下「這裡很重要！」「這個很推薦！」「這裡必讀！」等
◉用手寫方式表現「這裡要○○（希望顧客採取的行動）」
◉為引起注意，使用提醒的口吻
◉為引起注意，文字使用紅或藍等顯眼的顏色

207 用手寫的方式加上底線或粗線

例 ▶紅色的手寫式底線　▶手寫式粗線

▶手寫式波浪線　▶用螢光筆畫線

Point ◉用手寫或手寫式風格在文章中希望引起注意的部分畫底線或是用螢光筆畫線
◉想突顯的重點部分用粉蠟筆風格印成像是後來才畫上去的
◉用紅色麥克筆寫重要部分

208 用手寫文字以「附筆」的方式表現想要傳達的重點

例 ▶在文章的最後加上手寫訊息

▶在空白處用手寫方式填寫想表達的重點

▶最後的追加部分用手寫

Point ◉想表達的重點或內容在最後以手寫方式呈現
◉用「又及」、「附筆」等在文末寫下想表達的事情更能加強印象
◉要記得文章的最後部分其實是很引人注意的地方

47 將「想要擁有此項商品的最大理由」當成宣傳文案

顧客必定是因為某種理由才會想擁有某項商品。請詢問想要擁有某項商品的人，他想擁有該項商品的理由，你就會發現有成堆的言語或表現方式能夠簡單有力地傳達商品的價值與優點。請將「想要擁有此項商品的理由」當作宣傳文案，做為商品的訴求盡可能靈活運用。

209 將想要擁有的最大理由作為文案的開頭

例 ▶「因為，○○不一樣啊」

▶「如果想要充分享受○○，就要××」

▶「○○的安心感截然不同所以××」

Point
- 把「想要它的理由是什麼？」的答案「因為○○嘛」運用在文案上
- 問問自己或顧客的內心，為什麼會那麼想要，然後找出答案
- 讓聽到理由的人用「原來如此」的理解口吻來表現

210 善用不加思索就冒出來的自言自語

例 ▶「不會吧，那就是○○」 ▶「這是什麼？好○○」

▶「真是太○○了！」 ▶「哇！好○○」

▶「咦？○○～！」

Point
- 把拿到該商品瞬間不經意冒出來的話當成廣告詞加以利用
- 將訝異的語句和表現出感情的言詞加以組合運用
- 仔細聽顧客忍不住自言自語的話，把這些自然的話語用在廣告文案中

211 以描述理想狀態的文字做為宣傳文案

例 ▶「想被稱為○○美人」

▶「希望可以用英語很帥氣地溝通」 ▶「美好的笑容很○○」

▶「苗條的腰圍曲線真是○○」

087

Point ◉用言語使顧客想像心中理想的姿態引發興趣
　　　◉用一句話表現理想的最終目標（形態），把這個關鍵詞用在廣告文案上
　　　◉用來表現理想姿態的詞句必須能夠給人一種陶醉的印象

48 強調新商品的「新」

光是強調「新商品」，就足以讓人們好奇並且在意。那是因為人們覺得新東西具有「特別的價值」。因此，如果商品或服務有新的要素、新的部分，請充滿自信地強調它的「新」，來抓住顧客的心。

212 設置新品・新發售專區（標示）

例 ▶新產品介紹專區　▶新發售專區

　　▶○○的新作品專區　▶貼上新產品的貼紙

　　▶貼上新發售的POP廣告

Point ◉把新東西、新產品、新發售的東西都集中在同一個地方，並以「新○○專區」為訴求
　　　◉製作新發售、新產品的標誌跟POP廣告加以突顯
　　　◉在商品貼上「NEW」、「新產品」等記號的貼紙

213 設置剛到店的商品專區（標示）

例 ▶剛到貨專區　▶新到貨專區　▶新貨區

　　▶剛剛才到貨專區　▶本日到貨標籤　▶新到貨POP

Point ◉店裡新到貨的東西，就以「新到貨」、「新到商品」加以突顯
　　　◉把今天到貨當成一種商品價值以「本日到貨」的方式表示
　　　◉把幾種新到商品集中在一起製作一個專區

214 標示剛做好的商品專區

例：
- ▶剛出爐專區　▶剛烤好專區　▶剛完成的POP
- ▶已完成專區　▶剛○○的專區（POP）

Point
- ●把剛做好、剛完成的東西集中在一個地方，以「剛出爐專區」的方式表示
- ●剛完成的商品排列的時候，一面在口中喊著這是剛做好的東西，一面進行陳列
- ●在菜單等也要把剛做好的東西用「剛做好的○○」加以突顯

49 以「原本的狀態」來強調新鮮

陳列在架上的蔬菜如果還沾著土壤，人們反而會覺得它很新鮮。因為清洗、加工都會花費一定的時間，所以人們反而會想像少了處理的過程，一定是很新鮮吧。因此如果想要強調新鮮，就要呈現未經處理的狀態。

215 讓顧客看見商品尚未處理乾淨之前的狀態

例：
- ▶把沾著泥土的素材放在看得見的地方
- ▶讓顧客看見洗淨處理前的模樣
- ▶讓顧客看到剛採收時的影像（照片）

Point
- ●回想採收時的狀態是什麼樣子？採收時有沾到被什麼東西嗎？
- ●思考採收時的狀態是否可以當成新鮮度的證明
- ●讓顧客看剛採收時的影像（圖片）
- ●讓顧客看到洗淨處理前的狀態

216 讓顧客看見處理之前還留有莖或葉的狀態

例：
- ▶讓顧客看到還留有根或莖的東西
- ▶讓顧客看到還連著葉子的素材
- ▶讓顧客看見魚類等在處理前的樣子（整體模樣）

Point ●1隻、1條等把整體模樣展示出來讓大家看見
●葉或莖等不要去除，直接重現採收前的狀態
●調查採收時是什麼狀態，把該狀態重現出來

217 讓顧客看見出貨或配送時的外箱

例 ▶直接用配送時使用的外箱陳列素材

▶把木箱或保麗龍外箱等用於展示

Point ●收成裝箱時的外箱直接用來陳列素材
●運送時使用的寫有產地名稱的紙箱或保麗龍箱等直接用於陳列
●在陳列時運用寫著產地名等配送時使用的箱子

218 讓顧客能透過影片聽見或看見生產者的聲音或影像

例 ▶將生產者的訪問影像以動畫傳送

▶播放生產者的聲音

▶介紹生產者的照片或資歷

Point ●為了使人感受到生產者的姿態，利用蒐集影像或訪問、感言等素材呈現
●用影片播放生產者的影像
●提供生產者的履歷，讓顧客覺得親切有人情味

219 用方言或當地的語言來呈現菜單或說明

例 ▶使用方言的商品名稱（菜單名稱）

▶在介紹文中使用方言

▶在說明文中使用當地語言或介紹當地才有的小故事

Point ●在菜單或商品名稱或介紹文章當中加入當地語言以呈現地方色彩
●介紹只有產地才會有的小故事或佳話
●介紹當地最近發生的事情
●介紹以產地來說經常很辛苦的事情或是為了製造好東西所費的心思等

50 在希望顧客注意的位置增加「強弱・變化」

無意識看見五花八門的資訊與景色時，人的心理會特別留意當中具有變化或格格不入的部分。因此，如果有希望顧客注視或注意的地方，請在周圍環境加上強弱或變化。什麼樣的強弱或變化都好，只要能突顯出讓它與其他部分不同，吸引顧客的注意即可。

220 讓背景音樂等聲音突然消失以吸引顧客的注意

例 ▶ 突然停下背景音樂播送傳達事項

▶ 背景音樂的節奏突然改變

▶ 突然播放節奏輕快的音樂

Point
- 在背景音樂等聲音中加上變化，吸引注意
- 聲音逐漸變小，或用消音等方式引起注意，再表達想傳達的訊息
- 用突然改變音樂節奏等變化使人注意

221 忽然將燈光熄滅只留下一處以燈光照射

例 ▶ 製造出全黑的狀態只照亮一個地方

▶ 只有一處關掉照明

▶ 只有一處燈光閃爍

Point
- 突然調暗燈光，只留一個明亮的地方集中注意，傳達想說的訊息
- 為了感覺到變化，在傳達訊息前稍微保留一點時間準備
- 思考利用照明變化，適切使用變暗、閃爍、打光等方法

222 調高位置以吸引顧客的注意

例 ▶製造高的部分　▶只降低一部分的高度

▶在高度變化上動一點手腳

▶在高度加上不規則的變化

Point ◉藉由高度上的高低變化使人目光集中在有變化的部分
　　◉思考看看是否可以變化高度
　　◉試試看在高度上做出不規則的部分
　　◉試試看做出異常的高度

223 讓原本不會動的東西動起來

例 ▶讓展示物（假人等）動（旋轉）起來

▶讓展示（裝飾）或標誌（顯示或POP）可以動

Point ◉想想看是否可以讓通常不會動的東西動起來
　　◉思考看看是否可以讓展示品可以活動、旋轉、上上下下
　　◉思考可否讓POP或裝飾物動起來

224 添加藝術氣息

例 ▶讓色彩更豐富（原色或漂亮的顏色）

▶戲劇性的（詩意的）表現

▶用節奏感來表現

Point ◉思考看看是否可以利用一般想不到的色彩變化做出藝術感
　　◉想想看是否可以呈現出與商品相關能抓住人心的故事
　　◉思考是否可加上節奏或音樂來呈現

225 讓顧客只看見想讓他們看見的東西

例 ▶除了想讓顧客看的部分之外全都遮住

▶將周圍變暗只有想讓顧客看的地方有光

▶只能從洞中窺探

Point ◉想想看可否用蓋上套子等方法只讓顧客看見想讓他們看見的部分
◉關掉四周的照明，只在想讓顧客看的部分打光
◉把想讓顧客看的部分遮起來，讓他們要透過小孔等障礙物才能一窺究竟

Part 4

引起興趣與刺激欲望

> 引起顧客的興趣，
> 讓顧客覺得
> 「好想要！」

　　顧客只有在對商品產生興趣與欲望被刺激時，才會購買商品或採取其他的行動。因此一開始就要引起顧客的興趣，這點非常重要。

　　為了引起顧客的興趣，要先調查顧客對哪些事物感到興趣。接著，要讓顧客知道自己感興趣的事物就在眼前。

　　引起顧客的興趣之後，下一步要徹底刺激顧客的欲望，讓顧客產生「好想要！」的心情。

　　也就是說，你必須更加簡單明瞭地讓顧客了解商品的魅力與價值，以及購買方法、價格與條件，向顧客強調「現在就可以買到如此完美的商品」，誘導顧客產生更加真實（實際）的欲望（想要的心情）。

51 讓顧客能夠輕易拿起商品

顧客在購物之前幾乎都會反覆拿起觸摸、感覺、確認等動作或行動。首先，請試著讓顧客能夠輕鬆接觸商品。看著顧客的表情，你一定會明白實際拿在手中的感覺，了解顧客想要購買商品的心情有多大程度的提升。請讓顧客自由接觸商品，進而讓顧客產生想要購買的心情。

226 準備任何人都能隨意觸摸的展示品

例 ▶陳列試用樣品

▶準備可發送的試用品

▶製作體驗（體驗用樣品）專區

Point
◉準備任何人都能輕鬆接觸的樣品，明確標示為樣品
◉製作體驗、感受專區，地點要容易找到
◉準備一個專區放置可帶走的試用品

227 包裝好的商品也讓顧客能夠摸得到內容物

例 ▶箱子中的內容物拿出來向顧客展示

▶準備從包裝中拿出來給顧客確認用的樣品

Point
◉把完全被包裝起來，因此看不到的內容物拿出來讓顧客觸摸
◉加上可以看見內容物的透明蓋子
◉準備可以自由觸摸內容物的樣品，並明白表示可以觸摸

228 讓顧客看見商品使用的材料（零件）

例 ▶展示隱藏在商品內部的機械部分（馬達等）

▶展示從外觀（外側）看不到素材（原料）

Point ◉試著把通常看不到的內部零件等分解展示
◉準備透明外殼以便可以看見內部的構造或設計
◉把使用的原料、材料等的本來面貌展示出來

52 安排能夠刺激顧客「童心」的規劃

小時候玩得很開心的遊戲,現在回想起來,會覺得一切就像是昨天才發生的事。而當時的遊戲其實是非常單純的。即使長大成人,那種覺得事物很有趣的「童心」基本上還是跟當時一樣,沒有任何改變。因此,請準備非常簡單的機關,刺激每個人都擁有的「童心」,讓顧客能夠產生興趣。

229 舉辦○○競賽(比賽)

例 ▶大胃王(快食)比賽 ▶大聲公比賽 ▶猜味道比賽
▶鬼臉(笑臉)大賽 ▶笑臉大賽
▶屁股寫字猜謎比賽

Point ◉主辦誰都可以參加的競爭形式比賽
◉讓參加者的朋友家人都可以前來加油,周圍的人也會覺得有趣
◉為了有臨場感準備一個特別的場所(舞台等)
◉藉著平面媒體或網路報導參加者從徵選開始的歷程

230 舉辦猜謎活動或猜謎大會

例 ▶○×猜謎 ▶回答謎題就○○
▶○○達人(粉絲)猜謎
▶答對問題就可當場○○

引起興趣與刺激欲望　Part ❹

Point ◉準備大家都能立刻想到答案的問題、正式的問題、和只有粉絲才知道的達人級問題來募集參加者
　　　◉讓顧客聚集在會場內，以過關斬將的形式製造高潮
　　　◉準備回答問題就能當場獲得的禮物

231 舉辦○○到飽活動

例 ▶○○抓到飽　　▶○○袋裝到飽　　▶○○玩到飽
　　▶○○吃到飽　　▶○○用到飽　　▶1分鐘內○○撈到飽

Point ◉思考在顧客參加的活動中提供他們可以盡情的、要多少就可以○○多少的趣味性
　　　◉想想看有沒有可以藉著○○到飽刺激競爭心或玩心的東西
　　　◉讓其他顧客也可以看到參加○○到飽遊戲的人，藉此刺激參加意願

232 舉辦摸彩活動

例 ▶搖獎箱抽獎會　　▶抽籤大會　　▶三角籤抽獎
　　▶輪盤遊戲　　▶刮刮樂
　　▶猜拳大挑戰

Point ◉以參加者或到場者、購買商品或服務的人為對象，實施抽獎活動
　　　◉準備吸引目光的獎品，盡量不要有銘謝惠顧，讓顧客可以得到一點小小的參加獎
　　　◉抽獎方法要簡單，馬上就可以知道結果，讓來參觀的人很清楚可以看到抽獎的樣子

233 設置與○○互動專區

例 ▶接觸感受○○專區　　▶互動體驗專區
　　▶餵食體驗專區　　▶○○虛擬體驗專區

Point ◉如果提供的東西中有顧客想觸摸的東西，就提供機會給顧客觸摸
　　　◉思考看看在生產的過程或流程中，是否有什麼東西若實際觸摸會是很好的經驗
　　　◉思考是否可以有空間讓顧客觸碰或實際操作的機械或作業

234 舉辦尋找○○大會

例
- ▶尋寶（財寶）大會
- ▶找暗號大會
- ▶尋找秘密信封大會
- ▶大家來找碴

Point
- ●實施尋找菜單或型錄上的某個關鍵字或錯誤，找到就送獎品的企劃
- ●思考在大會會場把信封、寶物、硬幣等藏起來，找到的人就可以得到○○的企劃
- ●找到的東西上面有編號或記號，再用抽獎決定中獎的號碼等二階段企劃

235 將商品系列化

例
- ▶蒐集××種類的○○
- ▶每週贈送不同的○○（共○種）
- ▶蒐集○○專用的（保存）盒子

Point
- ●準備幾種系列商品，明確表明有系列作品（其他種類）
- ●製作系列一覽表，解說每種商品的特徵
- ●在一部分品項上加上稀少價值的元素
- ●贈送保管蒐集品專用的盒子讓顧客想蒐集所有種類

236 設計要超越困難才能達成目標的商品

例
- ▶在險峻山道的另一邊有○○
- ▶冒險、秘境的○○行程
- ▶挑戰○○的旅程
- ▶顯示困難度有○○％

Point
- ●無法簡單到達目的地，途中多少有些困難在等著，必須攜手合作努力才能抵達終點的設計
- ●顯示難易度以刺激挑戰意願
- ●蒐集任何人都可以看得懂的成功者體驗談

引起興趣與刺激欲望 Part ❹

| 237 | 實施○○手作體驗活動

例 ▶體驗手工○○　▶親子（情侶）○○體驗教室

▶用自己做的○○來××

▶手作○○體驗

Point
- ◉舉辦顧客可以參加的手作體驗活動
- ◉設定可以兩人以上一起參加使顧客更容易參加
- ◉將實際做好的東西拍下來作為作品範例運用在廣告上

| 238 | 讓多人能夠共享

例 ▶兩人共享○○　▶3人共享○○

▶專屬女性享受的○○　▶與家人一起享受的○○

▶團體共享○○

Point
- ◉做出多數人一起享受，或是可以團體一起共享的企劃
- ◉為讓多數人可以同時參加，思考用決定優劣的比賽等來製造高潮的企劃
- ◉也提供人數多就可以打折的團體折扣
- ◉呼籲大家○人一起來挑戰

53　事先針對顧客所有疑問準備答案

顧客在意識到自己可能需要購買某項商品時，就會對那項商品產生各式各樣的疑問，之後就會開始調查、諮詢，在解決所有疑問後，才會正式購買那項商品。因此，要針對所有顧客有可能產生的疑慮或問題，準備簡單易懂且具說服力的答案，以輕鬆地與顧客應對。

| 239 | 設置「常見問題（解答）」的單元

例 ▶「顧客的提問與回答」、「顧客問答Q&A」、「回答顧客提出的問題」專區

101

Point ◉ 在廣告傳單或網站等顧客會接觸到的地方刊載於醒目之處
◉ 以實際上顧客常問的問題和相對的答案（解說及解決方法）製作成Q＆A的方式（問題配上答案）讓顧客閱讀
◉ 清楚明白的顯示受理顧客發問的窗口（聯絡人）或方法

240　在推銷商品時加入疑問與說明

例 ▶「常有人問這樣的問題」→**提問與說明**

▶「聽了說明之後有沒有覺得很在意○○？」→**說明、解說**

Point ◉ 在準備建立推銷流程的階段時，就舉出顧客可能會發問的點
◉ 事前準備好消除疑問用簡單易懂的說明
◉ 準備具體的範例或圖表用於疑問說明效果會更好

241　製作預先設想好的問答集

例 ▶**顧客的提問和解答的問答集**

▶**假想顧客提問與優秀回答設計成比賽形式的活動**

Point ◉ 將所有顧客可能會提出的問題內容都舉出來，把相對應的最佳答案並整理得簡單易懂
◉ 以比賽形式向員工募集最佳「顧客提問的解答」，提供優秀者獎賞並將其內容整理得簡單易懂分享給大家

54　讓顧客看見「其他顧客的滿足狀態」

顧客在選擇商品時，永遠都不希望自己做出錯誤的決定。因此，會特別想知道其他顧客對於這項商品是否真的滿意。當他們認為滿意這項商品的顧客很多，就會安心地購買。如果你擁有能夠呈現顧客滿意度的證據，一定要讓顧客看見。

引起興趣與刺激欲望 **Part ④**

242 在牆上張貼大量顧客滿足的照片

例 ▶貼上顧客帶著滿足笑容的照片

▶貼上顧客寄來的明信片

▶貼上商談後與顧客合照的紀念照片

Point ◉契約成立,或是貨品順利交貨時,與顧客一起拍照留念

◉得到顧客的理解後,將滿臉笑容的照片做成廣告或張貼在店頭

◉把滿意的顧客的照片做成相簿,放在店頭的等待區或是公開在網路上

243 將感到滿意的顧客的訊息做成影像

例 ▶將滿意的顧客的訪問做成影像播放

▶訪問顧客家裡的影像

▶來自顧客的感謝影像訊息

Point ◉到感到滿意的顧客家裡訪問,以訪談形式問出當初的疑問與對諮商流程的感想

◉蒐集來自顧客的一句話

◉蒐集「來自其他顧客的話」或「給打算購買的人的一句話」等讓所有人可以看見

244 製作感到滿足的顧客的評論(文)集

例 ▶從顧客問卷中蒐集訊息

▶蒐集顧客的信件或明信片並整理成冊

Point ◉拜託購買的顧客寫問卷,蒐集感謝的意見

◉在問候顧客的信件中,把回郵信封和明信片一起裝進去,讓顧客方便寄回

◉蒐集好的訊息整理成冊發送出去,讓大家都能閱覽

245 以實品或照片展示顧客長期愛用且徹底使用過的商品

例 ▶舉辦使用已久的愛用品展示會

▶製作愛用品寫真集

▶展示已經變舊的愛用品照片

Point ◉找找看有沒有顧客令人驚異地長時間持續使用的商品
　　　◉舉辦愛用品攝影比賽等活動聚集熱心的愛用者或蒐集愛用品的照片
　　　◉將用舊的愛用品聚集在一起，舉辦展示會或在廣告中介紹其高品質

246 在公布欄公開與顧客的互動

例 ▶在公布欄系統上輕鬆地接受發問

　　▶讓最新的發問和回答立刻就能被看見（發問留言板）

Point ◉運用公布欄系統簡單地填寫疑問，讓任何人都可以閱讀答案
　　　◉當顧客想發問的時候，就顯示來自其他顧客的相似問題
　　　◉最新的問題、常見的問題，要顯示在馬上就能看到的地方

55 讓價格更加簡單清楚

用一般常識來思考，你會想要購買不知道價格的商品嗎？或者是如果你很想要某項商品卻不知道價格，你一定會設法了解吧？因此對於選購商品的顧客來說，價格是相當重要的要素。無論是正式價格、參考價格還是預估價格，一定要讓價格標示更加簡單易懂。

247 製作清楚易懂的價目表

例 ▶公布價格一覽表（發送）

　　▶顯示現在的菜單和價格

　　▶顯示價格變動的上限與下限

Point ◉要隨時留意價格必須簡單明瞭
　　　◉價格不容易理解的項目，就用幾種實例和實際價格組合表示
　　　◉價格差距相當大的東西，就顯示最低價格與最高價格讓價格的差距簡單易懂
　　　◉製作價格一覽表以便發送

248 製作參考價格、價格試算表

例 ▶ **顯示最近的估價金額與照片**

▶ **使價格可以模擬推演**

▶ **顯示參考（範例）價格**

Point
- ◉ 實際製作幾個各種模式的估價讓顧客可以閱覽
- ◉ 製作系統讓顧客可以試算價格，或是發送可以推算價格的試算表
- ◉ 公開幾個最近製作的實際估價單和企劃的內容

249 分別標示本體價格與配件的價格

例 ▶ **將本體的價格、基本價格作為主要的顯示內容**

▶ **製作配件的價格表**

▶ **列出選擇不同配件組合的價格**

Point
- ◉ 把商品本身的價格明確醒目地表示，並另外清楚表示配件的價格
- ◉ 將幾種推薦的周邊商品組合成套（方案），顯示較優惠的價格
- ◉ 商品本身的幾種配件，組合成不同選擇方案及價格一起介紹

250 標示分期付款等每月或每日的支付費用

例 ▶ **每天負擔○○元就可以得到××**

▶ **每月○萬元，得到嚮往的××不是夢**

▶ **顯示出每天實質負擔○○元**

Point
- ◉ 商品或服務價格很高的時候，替換成分期付款的每月金額或每天平均負擔金額來顯示
- ◉ 顯示每日金額可以形成讓人可以負擔的印象，也可以顯示類似商品的價格
- ◉ 用「一天只要負擔○○元就可以得到夢想中的××」這種模式來介紹

| 251 | 將商品價格訂為一枚硬幣的價格（日幣100元或500元） |

例 ▶一枚硬幣（50元）拍賣

▶均一價39元專區　▶100元（50元）菜單

▶追加（配菜）39元菜單

Point
- 準備一枚硬幣就能享用的菜單或料理，在菜單或型錄上開闢專區介紹
- 思考是否可以用一枚硬幣就可以追加單品或配菜
- 舉辦一枚硬幣日或一枚硬幣時間等活動

| 252 | 將商品價格訂為整數（5000元或1萬元） |

例 ▶日幣1000元（5000元、1萬元、5萬元）專區

▶任選3品1萬元

▶任選一個均一價日幣2000元專區

Point
- 思考是否可以設定整數金額的商品價格
- 思考是否可以把幾項商品組合起來，或是同樣商品可以以整數價格購買幾個
- 把整數價格設定成非常划算的價格，並清楚說明划算的理由

| 253 | 製作以價格帶區分的商品專區 |

例 ▶依價格區間分開陳列

▶將價格區間以顯眼的顏色或數字標示

▶個別價格專區

Point
- 把商品價格區間用像「○元～×元」的方式區分，依個別價格區間分開陳列
- 區分價格區間後的展示可以用簡單看出該價格區間的記號或顏色來區分
- 製作商品價格區間分類表並發送

引起興趣與刺激欲望　Part ❹

254 從遠處就能看清楚價格的標示

例 ▶準備用大數字顯示的價格表

▶可抽換的大型價格看板

▶把用大字書寫的價格海報貼在牆上

Point
● 讓路過的潛在顧客也能看到價格
● 要用一瞬間就能讀出的文字大小來表示價格
● 準備大大地寫著參考商品和價格範例的傳單或海報

56 構思喚起喜怒哀樂等各種情感的故事

每個人都有喜怒哀樂的情緒。同時也會對他人的情緒產生反應，這便是所謂的人性，當別人將情緒表現出來時，人們往往會相當在意，因此倘若希望透過文章或言談來觸動對方的心，就請利用富有喜怒哀樂等情緒的故事來達成訴求。

255 談論因為使用商品而得到的快樂經驗

例 ▶傳達開始使用商品後體會到的愉悅變化

▶傳達購買商品後所發生的種種小確幸

Point
● 將開始使用商品後體會到的愉快心境以充滿感情的方式表現出來
● 針對購入商品之後所發生的種種小確幸依階段傳達
● 談話中結合多種情感的表現，包含一些傷感的情緒

256 談論發現商品前的不愉快經驗

例 ▶傳達發現這個商品前所感受的不滿

▶傳達購買這個商品之前的不滿狀況

107

Point ◉ 在最開頭傳達還不知道有這個商品時所發生過的令人生氣的實例〈經驗〉
　　　◉ 像說故事般訴說到目前為止心中所懷抱的不滿，以及一些問題怎麼被解決
　　　◉ 從感性的面向表達出希望能夠更早發現這項商品的心情

257　談論發現商品前的難過經驗

例 ▶ 傳達發現商品之前的痛苦經驗

▶ 傳達在發現商品之前所發生過的傷心事

Point ◉ 傳達發現這項商品之前受苦的實例
　　　◉ 傳達有過類似的痛苦經驗的人其實非常多
　　　◉ 以投入感情的方式傳達就是因為有這項商品，才讓人能夠從這種切身的痛苦中解放出來
　　　◉ 表現出發現這項商品後的感謝心情

57　讓顧客模擬體驗購買商品後的感覺

實際購買商品或服務後，能夠體驗或感受到哪些開心的事？能夠獲得怎麼樣的愉悅感動？這是顧客最想知道的事。因此，除了讓顧客能夠看見、觸摸商品，請盡可能讓顧客可以實際或模擬體驗購買商品後的感覺。

258　呈現實際擁有該項商品的快樂生活場景

例 ▶ 呈現家族聚會的愉快餐桌

▶ 呈現快樂的約會場景

▶ 呈現家族旅行的快樂場面

Point ◉ 設置讓顧客可以想像出擁有該項商品的「生活一景」的演出或展示
　　　◉ 利用樣品屋、展示餐桌、樣品臥房或孩童房等空間來演繹現實生活的場景，並可以在其中模擬體驗使用商品時愉快幸福的感覺

259 提供長時間實際試用（使用）的機會

例 ▶ **協助調查就可以獲得多日試用的機會**

▶ **樣品屋一日住宿體驗**

▶ **模擬婚禮體驗**

▶ **試駕車的半日出租服務**

Point
- 構思是否能讓顧客以免費或便宜價格租用、體驗該項商品幾個小時甚至是幾天的時間
- 試著舉辦可以體驗到實際使用狀況的○○模擬
- 用抽選的方式贈送數日免費試用的機會給顧客，並將參加者視為重要的潛在顧客進行接觸

260 讓顧客不只能看到還能進一步接觸體驗

例 ▶ **○○體驗空間**

▶ **實際（使用）接觸○○看看**

▶ **Fitting Corner（試穿區）**

▶ **家具試用區**

Point
- 提供一個空間讓顧客可以實際使用平常只能稍微「看一看、摸一摸」的商品
- 重現實際使用該商品的環境或場景，作為顧客可以親身體驗的場所
- 呈現具有臨場感的展示，讓其他顧客縱使只是觀看也能有身歷其境的感覺

58 運用「不加以化約的數字」提升信賴度與說服力

數字往往被認為是來自於可信賴的調查或實驗資料，因此具有不可思議的說服力。而且比起粗略的數字，完整列出所有數值的數字，又更能引發顧客反應，因此請重新檢視與商品有關的數字（資料），善加利用不加以化約、完整呈現的真實數字。

261 用數字（百分比）呈現顧客滿意度

例 ▶使用「顧客問卷調查結果滿意度為89%」的說法

▶獲得「92%的客戶，十分滿意」的回答

Point ◉請顧客協助進行滿意度調查，將實際數據運用在廣告等宣傳上
◉若滿意度很低，就詢問為什麼、哪裡出了問題等，直到改善為止都要不斷進行
◉若是滿意度超過80%，就不妨活用這個數字，之後若滿意度繼續提升還可以再修正

262 呈現商品的科學（實驗）數據

例 ▶○○的含量竟然高達×××%

▶比起一般的○○，熱量減少了67%

▶燃燒效果達到○○的××倍

Point ◉與商品相關的科學數據、實驗結果或品質報告裡，若有對某些群體有吸引力的資料，請將其中數據資料活用在宣傳的訴求上
◉將科學性的數字拿來與生活中大家熟悉的商品數據做比較，就能更加清楚地說明

263 使用具體數字強調材料、成分等相關資訊

例 ▶內有○○毫克的膠原蛋白

▶鹽分（糖分）減少○○%

▶通常一頭牛身上只有○○克

Point ◉即便像商品成分或原料的含量、比例這類看似不具魅力的數值資訊，也不妨思索有沒有能夠加以運用的方法
◉試著搜尋專家或具相關知識的人認為是常識而常被忽略的事實和數據

264 以數字呈現具體的銷售業績

例 ▶現在申辦人數有237名

▶標示出預購排行榜上前10名的商品

▶到目前為止○○的累計銷售量為5628組！

Point ◉公開實際銷售與預售量,強烈傳達真的非常熱銷的事實
　　　◉公開累計銷售量(到目前為止的銷售量),藉此呈現非常熱銷的事實
　　　◉以分鐘為單位呈現上回開賣到完售所花的時間(例如:預約開始97分鐘即完售),以此來呈現受歡迎的程度

59 善用各種可用的排行榜(排名)資料

無論是什麼內容,只要是排行榜(排名)的資料,都能吸引顧客注意,讓人忍不住產生好奇。特別是對正要購買某類商品的人來說,應該沒有任何排行榜,比將銷售狀況、回購率及人氣等資料進行排名,更能引起他們的注意。因此請以各種顧客會在意的切入點來製作排行榜(排名)吧。

265 以簡單易懂的方式呈現暢銷排行榜

例 ▶熱銷人氣商品榜Top 10

▶人氣商品分類榜

▶暢銷商品Best 100全部公開

Point ◉單純地將所有人氣商品進行排行
　　　◉依商品類別進行各類商品的暢銷排行
　　　◉依「前一周或前一個月」的銷售狀況製作排行榜
　　　◉分別用一個句子的「人氣Point」來說明排行榜商品的暢銷理由

266 公開商品別的回購率排行榜

例 ▶回購商品排行榜前10名

▶回購率驚人的商品Best 3

▶再次訂購銷售量Best 20

Point ◉網購或郵購等可以得知消費者個人的購買金額或購物明細的狀況,可以公布個別商品的回購率排行
◉如果有回購率特別高的商品,可以用回購率驚人的商品Best 3等方式特別介紹
◉依類別進行各類商品的回購率排行

267 依照年齡、性別製作人氣排行榜

例 ▶男女別的人氣商品排行
▶不同年齡層的熱銷人氣商品排行
▶40歲以上女性所選的暢銷化妝品Best 5」

Point ◉如果能得知不同屬性顧客的購買狀況,則不妨試著依年齡層、性別來製作人氣商品的排行
◉「20歲女性所選的○○」、「40歲女性之間火紅的○○」、「廣受30歲男性喜愛的○○」等,試著依年齡區隔進行排行

268 公布某企劃(主題或類別)的排名

例 ▶○○精選人氣××Best 5
▶○○精選推薦,給想在任何時候都閃耀動人的你,好物Best 10

Point ◉試著依類別與主題縮小商品範圍,在該類別中進行排名
◉試著針對某項主題對顧客進行人氣商品的調查,並公布調查的結果
◉試著針對某項主題進行推薦商品排行
◉製作店長推薦、買家推薦等不同主題的排行

60 讓顧客自己動手做

光是讓顧客親自參與、親手製作就足以產生價值，若又是平常無法嘗試的事，就更加彌足珍貴，因此不妨安排讓顧客親身參與、親自動手製作的活動與設計，徹底展現手作的魅力與參與的樂趣。

269 讓顧客親自烹調或加工

例 ▶ **讓顧客能隨心所欲地擺盤**

▶ **由顧客自由決定燒烤程度，親自燒烤○○**

▶ **○○由顧客親自動手烹煮**

Point
- 試著讓顧客能親自動手製作○○
- 讓顧客自己燒烤、選擇自己喜歡的部分、切法等，試著思考看看有沒有其他讓顧客可以依據個人喜好參與的方式
- 盡可能宣傳顧客能夠親自參與這件事

270 讓顧客親自採收或捕撈食材

例 ▶ **從收成開始就能開心參與的○○**

▶ **食材就是去捕撈喜歡的○○**

▶ **甜點是用各位採收的○○**

Point
- 思考是否能讓顧客在料理、加工前就能透過自己的眼睛挑選喜歡的食材或材料
- 思考是否能把挑選素材的過程變成一種令人愉快的活動要素或遊戲感覺
- 透過能夠現場收成來營造新鮮的印象
- 大力宣傳能夠快樂地親自採收、挑選材料這件事

271 讓顧客可以選擇喜歡的○○

例 ▶訂購時可以任選三種材料（配料）

▶任意組合三種喜歡的商品○○元

▶可任選的○○套餐

Point ◉思考是否能讓顧客在購買時多買幾件喜歡的○○
◉傳達能夠依據喜好任意挑選本身就一種樂趣
◉盡可能簡化挑選方法，並將選項的魅力明確地呈現

61 利用提問引起顧客的興趣

聽到謎題和提問時，是否會不自覺地開始思考答案呢？甚至有過執著於答案而不可自拔的經驗？單單是謎題與問題本身就有著不可思議的魔力，能夠引發興趣、讓人不由得開始思考。請善加利用這不可思議的魔力，來誘發顧客的興趣，並有效地將想傳達的事情傳達出來。

272 採用謎題或提問式的文案

例 ▶「○○美味的秘密是什麼？」

▶「你知道○○其實就是××嗎？」

▶「○○與××的熱量哪個比較低呢？」

Point ◉試著思考像是在提出問題的文案
◉發想類似「你知道○○嗎？」這種會刺激顧客好奇心的題目
◉使用只有兩個選項、但其實不太容易選出正確答案的問題作為宣傳文案

273 只要答對問題就可獲得一份（杯）免費商品

例 ▶只要回答出正確答案即可當場獲得○○服務

▶回答出○○問題的正確答案就可免費獲得××，如果答案不正確也可以獲得△△的半價優惠

Point
- 用提出困難的問題，或是只要回答正確答案即可免費獲得○○等方法，來刺激參加意願
- 花一點心思讓答不出問題的顧客也能獲得某種參加的特別贈品
- 思考詢問工作人員就能取得提示，或是將提示隱藏在菜單裡等等的設計

274 連續數週每週變換不同的題目

例 ▶每隔幾週提出新的題目，且越來越難

▶以正確回答出連續問題的次數換取○○贈品

Point
- 安排在一段期間內出題、只要連續答對○個問題就可獲得特別贈品
- 安排只要湊齊幾個連續問題答案的記號，能夠拼出完整字詞等讓人想要連續挑戰的設計
- 即便沒有全部答對也可以獲贈某種特別贈品

275 設計與想傳達的資訊相關的題目

例 ▶將商品名稱作為問題的答案

▶將與商品特徵相關的要素作為問題的答案

▶問題的答案就是宣傳文案

Point
- 設計答案就是想傳達的文字或關鍵字的問題
- 問題的答案最好是想傳達給消費者、能夠表現商品特點的文字或相關要素
- 提供問題的答案的明顯提示，最好放在容易被發現的地方

62 添加一個有故事主角般能夠聚焦的故事

一個故事的基本要素就是有主角存在、有明確的登場人物或背景，以及簡單易懂的起承轉合。如果能將與商品有關的內容或資訊，也編寫成一個有主角存在的故事的話，不僅說明的一方夠輕鬆傳達、聽者也會更容易理解。因此如果有任何想要傳達的訊息，不妨設定一個有如主角存在那樣、具有故事要素的敘述來說明。

276 製作有故事性的短片

例 ▶製作歷經千辛萬苦終於獲得幸福的短片

▶製作經過不斷努力終於贏得（與敵人的）戰鬥的短片

Point ◉製作主角歷經苦難終獲成功這類劇情的短片或電視劇
◉為了讓目標顧客更容易產生移情作用，最好將主角設定為與他們背景相近、世代相同
◉準備可以了解劇情全貌的精華版，讓人不花時間就能預先知道故事情節

277 利用漫畫增加趣味

例 ▶一般人不熟悉的主題可以利用添加搞笑要素的漫畫來介紹

▶利用年輕世代熟悉的（角色）漫畫來說明

Point ◉把不容易理解或一般人不熟悉的內容利用漫畫將內容有趣地呈現
◉嘗試構思將設定轉換為主角是可愛的小女孩等，令人感到親切的故事
◉在配角的角色中加入令人覺得熟悉的角色
◉在各類宣傳活動中活用角色人偶

| 278 | 設計能夠輕鬆上手的遊戲 |

例▶將困難的內容轉換成可以單純玩耍的遊戲
　▶遊戲過程中融入可以幫助理解的程序
　▶加入遊戲的特性

Point
- 構思是否可以透過類似爭奪勝負這種感覺的遊戲來說明不容易理解的事物
- 構思是否能在參與遊戲的過程中，添加用各種關鍵字與詞句來進行說明的內容
- 在遊戲過程中讓想傳達的特色能夠自然而然地被接觸吸收

63 加強對商品的理解與認識

銷售商品時，沒有比商品知識更強力的武器了。所謂的商品知識，是要知己知彼，因此還包括競爭商品的所有知識。請增加與商品有關的各項知識，了解顧客的需求，提供顧客想要理解的範圍（程度）的知識，而非一味提供所有商品資訊。

| 279 | 製作與他牌（競爭）商品的比較表 |

例▶從各種不同的角度切入，列出自家商品與他牌商品的比較表
　▶針對顧客有興趣的要點來做出比較排行榜

Point
- 請思考競爭商品中有哪些是顧客會拿來比較檢討的
- 從各種角度切入，比較顧客會想比較的相關產品，並將其優劣做成一個簡單易懂的表格
- 針對顧客關心、有興趣的項目作比較

| 280 | 以「確實傳達」為目標修正商品說明 |

例▶製作僅強調商品特色，簡單明瞭的商品說明
　▶使用易於傳達的簡潔語句來作為商品說明

117

Point ◉請試著將商品的說明的內容全部都換成容易理解的語句
　　　 ◉請試著做一份只有清楚商品特徵的概要版說明
　　　 ◉請試著在寫說明文時反覆問自己：「這真的能清楚傳達嗎？」藉此檢視修正說明內容

281 設計在遊戲中學習商品的知識

例 ▶商品知識理解度的競賽
　　 ▶對戰式的商品知識猜謎大會
　　 ▶設計可以學習商品知識的遊戲

Point ◉配合初、中、高級等不同階段的知識層級來提供學習商品知識的機會
　　　 ◉準備測試知識學習程度的測驗或遊戲
　　　 ◉舉辦具有濃厚遊戲特性的知識猜謎大會等活動，好挖掘、表彰優秀人才

64 透過與平時不同的氛圍讓顧客擁有非日常的體驗

光是能夠嘗試平時無法做的事、去到平常無法去的地方，或感受到迥異於日常氛圍之類的非日常體驗，對顧客而言這些就足以讓他們感受到特別的價值，所謂非日常指的就是不同於日常的事物，因此不妨在現存的事物加入跟平時不同的非日常元素，為顧客提供全新的魅力與價值。

282 在屋頂或停車場提供服務

例 ▶屋頂咖啡　▶屋頂啤酒花園　▶屋頂特別席
　　 ▶屋頂帳篷席　▶停車場開放式座位
　　 ▶停車場BBQ專用席

引起興趣與刺激欲望 Part ❹

Point ◉請思考是否能在公司的屋頂或停車場為顧客提供服務
　　◉思考在美好的時節裡附近是否有具有魅力的場所舉辦活動或祭典
　　◉如果有可以創造獨特價值的空間，不妨思考是否拿來當成特別席

283 讓顧客站著就能享用

例 ▶站著就能享受的Standing○○　　▶站著暢飲

▶站著享用的○○

▶不用坐著就能享受○○的××

Point ◉思考看看能不能提供顧客站著就能輕鬆享受的服務
　　◉更改平常的支付方式，改成事先付款、分次付款的方式，舉辦以自助的方式來進行的活動
　　◉試著發想「Standing ○○」、「站著○○」。

284 在工廠或倉庫舉辦特賣活動

例 ▶工廠清倉特賣　　▶倉庫清倉特賣

▶顧客感恩回饋、開放工廠參觀＆銷售會　　▶○○倉庫特賣會

▶○○倉庫市集

Point ◉思考能不能開放平常不提供銷售服務的工廠或倉庫，舉辦給忠實顧客或相關人士家屬的特賣活動
　　◉為了能營造獨特的印象，運用倉庫或工廠等詞彙來企劃特賣會
　　◉也不妨探討能不能配合工廠參觀來進行銷售

285 在限定期間提供VIP（高級）服務

例 ▶VIP感謝Party　　▶超級VIP的招待派對

▶舉辦與平時氛圍不同的高級派對

▶特別菜單體驗會

119

> **Point** ● 訂下一個特別的日子、用具有獨特氛圍的表現,舉辦招待超級VIP的感謝派對
> ● 舉辦與往常不同的限定菜單、限定商品、新菜色搶先試吃、新品發售等為主題的銷售活動
> ● 明確區隔給一般客與VIP顧客的特惠內容

Part 5

確實傳達訊息

設法向目標顧客傳達正確的訊息

即便有想要傳達的訊息（資訊），如果沒有正確地向目標顧客傳達，或是傳達的內容含糊不清，就一點意義也沒有了。

傳達訊息的重點在於要了解想傳達的對象是誰？過著什麼樣的生活？使用什麼樣的語言？平常會接觸什麼樣的資訊等情報。並盡可能善用這些情報，使用對目標顧客來說最親切的方式，更加簡單明瞭地向目標顧客傳達訊息（資訊）。

此外，為使訊息簡單易懂，必須反覆嘗試各式各樣的手段與方法，包括文字、影像、聲音、氣味等，從中找出最適合的方式。

接著，使用最適合的手段與方法，反覆修正表現方式，讓訊息更加順利地深入顧客的心裡。

65 讓顧客聽（看）一遍就能理解

確實傳達訊息的訣竅，在於使用無論是誰都能立刻或者只要聽過一次就能理解的簡單詞彙。請極力避免困難的表達方式，使用大家熟悉的詞彙、並盡可能言簡意賅。用像在跟眼前的人說話那樣溫和的語調慢慢地傳達。

286 使用沒有贅字的短句

例 ▶○○會變成×× ▶○○就是××

▶僅說明功能的部分 ▶用○○就能達成××

▶○○是××而成的△△

Point
- 請試著製造練習限定字數、文句不短不行的狀況
- 請先擱置寫好的句子，過一會兒再進行檢視或修正
- 每一篇文章都盡可能短小精練
- 長篇文章就請分割成幾篇短文

287 直接將漢字轉換成平假名

例 ▶將漢字改成平假名 ▶將漢字加上標音

▶漢字之後標註平假名 ▶只用平假名

Point
- 思考難道不能將稍微有點困難的漢字，或是一下子想不出讀音的漢字斷然改用平假名來書寫
- 對國中程度而言較難的漢字都標上平假名注音
- 反覆確認是否很容易朗朗上口

288 將句子反覆念誦確認是否能夠朗朗上口

例 ▶反覆快速地念誦關鍵字

▶反覆確認文句念起來是否流暢

▶讓小孩反覆念該文句

Point ◉請發出聲音徹底確認文句和關鍵字是否可以朗朗上口，若是不順的話就請考慮用別的文字代替。

◉盡量用小孩會使用的簡單話語來說明。

289 使用一看就能理解的文句

例 ▶將想傳達的資訊用直接易懂的詞彙來說明

▶選擇瞬間就能被理解的詞彙

▶選擇簡單的用語

Point ◉盡可能使用一看就能了解的簡單文句

◉檢視所使用的文句是否能夠瞬間在腦海中產生畫面

◉難以理解的詞彙就用兩個簡單的詞彙組合說明

290 傳達這是會讓〇〇想要做××的△△（商店）

例 ▶〇〇可以做到××的△△　　▶讓〇〇非常××的△△

▶做〇〇很××的△△　　▶讓〇〇可以輕鬆享受××的△△

Point ◉如同「這是間讓顧客會想〇〇的店」這樣，請試以這是個能實現顧客夢想的場所這類的表現來說明

◉請試「某種素材會變什成麼樣子呢」這類單純的說明方式

◉請試著簡單說明會變得如何愉快舒適？會變得多麼幸福美滿

291 使用人體的尺寸來說明

例 ▶兩個手掌大的　　▶剛好可以放在手上

▶大約是雙手張開大小的　　▶用一步的距離來算的話

▶手指抓起來的程度的

Point
- 小的物品用手掌的大小當作丈量基準
- 大的物品用兩手張開的寬度為基準
- 輕的物品用單手就能拿取的概念為基準
- 更小的物品用拇指與食指張開的寬度來表示
- 稍大的物品用身高來表示
- 距離用一步的距離來說明

292 利用目標顧客平常使用的語言來說明

例
▶用平日常用的關鍵字來說明

▶使用目標對象習慣的關鍵字

▶使用該年齡層的人會使用的語言來提出訴求

Point
- 盡量不用特殊的用語,使用平時就聽慣的詞彙
- 面對目標顧客應使用他們常用的話語來說明
- 面對目標顧客時,要確認他們是否立刻對這些用語有所反應

66 準備能幫助顧客順利抵達目的地的指示道具

如果希望顧客光臨,提供能夠準確引導顧客抵達的說明就很重要,顧客若不知道店舖的地點、不清楚前往的方法、或不了解店舖的詳情,就算有想來的念頭也不會真的前來,因此請在隨時都可以看到的地方,提供無論誰都可以在腦海裡確實浮現店舖地點的資訊。

293 準備一組大範圍地圖與放大周邊區域的地圖

例
▶大範圍地圖與周邊資訊詳細記載的大比例尺地圖

▶清楚記載抵達停車場的方法

▶標示最近的車站附近容易辨認的店家

Point ◉準備兩種版本的地圖,一是清楚標記目的地、周邊放大易於理解的地圖,以及標記主要道路、車站相對關係的大範圍地圖
◉停車場位置、停車位的數量、到達方式,以及附近有名的場所(店家等)

294 使用聲音、影片來說明交通資訊

例 ▶可提示交通方式的語音專用電話

▶發送說明交通方式的動畫

▶提供交通資訊說明的語音檔供顧客下載

Point ◉製作往目的地方法的語音說明,或是利用動畫來模擬實際路線的影像
◉將用語音所說明的交通方式也轉化清楚說明的文字版本
◉截取說明影片中出現的路標重點畫面,當成搭配文字說明的圖片使用

295 在周邊設置附有指引箭頭的看板

例 ▶在附近設置看板　▶在附近設置加上箭頭指示的看板

▶在附近的看板上刊載行進方向與距離。

▶○○在不遠處→(箭頭)

Point ◉在店家附近設置引導用的看板,標示距離和方向箭頭
◉設置在顧客容易看到的場所
◉思考內容時,提供給步行前來的人的資訊要盡量詳盡,但給開車前來的人的資訊則應相對減少

296 以文字或照片說明從最近車站前來的路徑

例 ▶刊載沿路的照片

▶標示附近的大型建築、古蹟景點等等

▶以類似邊走邊說的方式說明

Point ◉加入照片說明從最近的車站的幾號出口,或什麼出口出來會比較快?沿路有什麼記號?怎麼走會比較好找等等
◉實際走一趟到達目的地,並錄下沿路的說明,之後再將錄音檔改寫成文字說明

297 詳細刊載附近車站、郵遞區號、地址等資訊

例 ▶標明出好幾條從最近車站到店鋪的路徑

▶針對開車前來的顧客要提供交流道出入口的說明

▶刊載電話號碼

Point
- 說明幾種從最近的車站到店鋪的路線
- 請務必寫明郵遞區號、電話號碼、地址等詳細資訊
- 註明最近的高速公路交流道出入口、周邊的大型超市等,等開車前來的顧客來說較容易辨識的標誌物

67 讓顧客更容易選擇

顧客在決定購買某項商品前,幾乎都會經過「選擇」的階段。會用自己覺得是優點的角度切入加以比較,進而選出自己認為最好的選項。請準備各式各樣的機制,讓顧客能更順利地進行選擇。

298 讓顧客能夠整組(套)購賣

例 ▶ABC 三種排列組合

▶將很難加以組合的商品成套販售

▶以不同的分量組套

Point
- 請試著以顧客不需思考就能買到最佳組合的概念來開發商品
- 請試著思考幾種模式讓顧客能夠根據喜好組合商品
- 請試著分析顧客會一起購買的商品,找出會讓顧客開心的組合內容

299 將顧客想要拿來比較的商品陳列在一起

例 ▶將同類型但價格不同的商品陳列在一起

▶放置類似商品的比較表　▶讓顧客可以比較看看的同類商品區

Point	◉直接將顧客會想取來比較的其他商品陳列在旁邊
	◉為了讓顧客對自己的選擇更有信心，不妨將品質較差的商品陳列在一旁。（例如：廉價劣質的東西）

300 在周邊陳列相關商品

例 ▶相關商品區　▶「買了○○也會需要這個」

▶與○○相關的商品區　▶根據主題將相關商品陳列在一起

Point ◉思考有沒有辦法將相關的商品聚集起來設置特展區
◉設定某個主題，設法打造能夠網羅將所有相關物品販賣區域
◉在商品區附近安排專家或熟知商品的工作人員，可以進一步示範這些相關物品實際被使用的狀態

301 讓顧客能夠想像出購買商品後的狀態

例 ▶用○○活用例子（場景）來說明

▶呈現使用案例或他人的觀點　▶設置鏡子

▶讓顧客觀看其他人的使用狀況

Point ◉用相片或影像讓顧客可以看到或想像各種使用場景
◉準備從顧客自身的觀點以及從他人觀點等兩種不同版本的說明內容
◉使用範例中出場的人物應是容易讓目標顧客產生移情作用與他們相似的人物

302 向顧客說明選擇標準或挑選的方式（重點）

例 ▶示範可獲得○○優惠的挑選方式　▶聰明的○○挑選法

▶挑選○○時的重點　▶與○○相比的分析表

Point ◉請思考是否能提供從專業的角度建議顧客挑選出最合適商品的工具
◉提供三個選擇商品的重點
◉介紹從專業人士的觀點、以各種角度對商品所進行的比較
◉用一句自己的感想來說明商品

68 不要同時對許多人宣傳

這個商品「大家」覺得怎麼樣？這個商品「你」覺得怎麼樣？以上的表現方式哪種比較吸引人呢？當然是後者吧。比起同時向許多人傳達的資訊，人們更能接受只向自己一個人傳達的資訊。這是非常自然的事。請用只對一個人說話的方式來傳達想要傳達的訊息。

303 使用只對一個人說話的表達方式

例 ▶ **彷彿就在對方面前說話的方式**

▶ **「哈囉，您不想試試○○？」**

▶ **「您覺得○○怎麼樣呢？」**

Point
- 如同目標顧客就站在眼前一般，用熱情的語調說明
- 更詳細地想像目標顧客的形象，用更合適的方式來說明
- 不要對著一大群人說話，而應試著以類似對眼前唯一一名顧客提問的方式來說明

304 構思讓一個人感動的訊息

例 ▶ **「我們這邊一定有適合您的○○！」**

▶ **「為您獻上○○」**

▶ **「誠摯地期待您○○」**

Point
- 試著描繪出一位理想顧客或目標顧客的模樣，思考「能夠打動他的訊息」
- 反問自己是否有信心方才所想的內容真的能夠成功打動一個人的內心？
- 再度確認自己的熱情是否真能傳達給對方

305 常在話語（文章）中使用「你」

例 ▶ **「只有讀過這個的你才有的○○」**

▶ **「您（你）感覺到了嗎？」**

▶ **「○○是給您的禮物」**　▶ **「我想告訴你」**

Point ◉請時常注意在說明的對話或文章中加入「你」、「○○的你」等用語
◉試著在之前的表現方式或文章中加入「你」,並進行調整
◉時時提醒自己使用「你」這個字

306 利用某些條件區隔出訴求的對象

例 ▶「給四十歲之後容易感到疲勞的你」

▶「給最近總覺得口渴的你」

Point ◉挑選並使用眼前顧客立刻就能聯想到自己的條件來提出訴求
◉試著選出幾個任何人都適用的條件加以組合
◉偶爾可以故意挑選定使用某些特殊的條件來提出訴求

307 傳達特定的人士熱情分享的內容

例 ▶「我一開始也是○○想的。」

▶呈現對話的場景

▶利用訪談的影片(○○的訪談)來傳達

Point ◉拍攝其他顧客熱烈討論商品的影像或照片讓顧客可以看到
◉明確呈現訪談影片中出現的顧客的特殊條件(狀況)
◉說明影片中的人物其實是很平凡的人,他的狀況(條件)是大家生活周遭都會發生的狀況

69 將效果(結果)清楚呈現

對於期待使用之後能看到效果或結果的商品,顧客通常會對其他人的使用效果與結果抱持特殊的興趣。因為顧客會希望能夠親眼確認實際使用後,會發生什麼事、會有什麼效果。因此,請透過戲劇性的變化,簡單明瞭地讓顧客看見具體的效果與結果。

確實傳達訊息 Part ❺

308 刊登可以了解使用前後差別的照片

例 ▶透過照片或動畫來呈現使用前與使用後的變化

▶讓顧客觀看使用一個月、三個月、半年等不同時期的變化

Point
◉將使用商品前的模樣用照片或影像保留下來，並將使用後的劇烈變化以真實紀錄的方式向顧客呈現

◉固定一段時間就將肉眼所看到或檢驗數值等差異的資料記錄下來

◉將使用前、使用後的資料並列以方便比較

309 以圖（表）呈現效果與使用結果

例 ▶利用圖表（柱狀圖、折線圖）來呈現成果，以突顯變化

▶用圓餅圖來呈現變化的結果　▶將結果做成圖表來進行比較

Point
◉將使用商品後所產生的變化以圖表來呈現，並特別加工利用改變顏色或加註說明等方式來強調變化

◉製作簡單呈現結果的表格，顯著變化的部分可用紅字標明，或加上底色

310 製作愛用者（使用者）感想專區

例 ▶善加利用使用者的照片、影片或評價

▶體驗者的訪談單元

▶愛用者的意見廣場

Point
◉打造讓顧客能夠確實得知該商品有忠實愛用者存在的空間

◉創造一個環境讓愛用者可以提供建議尚未使用商品的人

◉創造一個空間讓忠實顧客可以交換意見、分享新的使用方法等資訊，並讓還未使用過商品的人有機會看到

311 公開使用者問卷調查結果或意見與感想等

例 ▶「蒐集使用者（忠實顧客）的意見（聲音）」

▶「根據顧客的問卷調查，結果○○」

▶問卷結果專區

Point ◉收集實際使用過商品的人的訪談或感想,並讓任何人都能看見
　　　　◉在顧客使用過商品後邀請他們填寫問卷,並將所有數據都公開發表
　　　　◉將顧客的意見中,足以提供給尚未使用的人參考的意見集中在一處,方便未使用者瀏覽

312 委託具公信力的調查機構進行實驗或效用檢測

例 ▶「根據檢驗機關的檢測○○」

▶「○○的檢測結果出爐了」

▶將檢驗結果以一覽表的形式呈現

Point ◉委託公家檢驗機關、第三方檢驗機構進行效果的測試,並公開測試結果
　　　　◉必須詳列檢測結果的來源、檢測時間、檢驗對象等資訊以提高可信度
　　　　◉準備可以跟檢驗結果等數值資料一起呈現,讓人更容易理解內容的照片或插畫

70 首先,先表達感謝

無論是誰,聽到道謝的話語,應該都不會覺得討厭吧。如果有希望顧客做的事、接下來要拜託顧客的事、或要麻煩顧客的事,記得先向顧客道謝。表示謝意的訊息可以在一開始就透過文字、問候、貼紙等各種形式來傳達。

313 發送附有特殊優惠的「感謝訂購卡片」

例 ▶事先就發送附上小禮物的「感謝卡」

▶來店謝卡　▶訂購感謝卡

Point ◉思考能否在顧客來店或購買前就先準備好能傳達謝意的道具
　　　　◉在顧客購買時能使用的特別贈禮(折價券等)上,先表現出對顧客購買或來店的感謝
　　　　◉在顧客採取行動之前就先行表示感謝,藉此提醒顧客採取行動

314 在文章開頭就先表達感謝

例 ▶感謝您先前的蒞臨

▶感謝您的諮詢

▶感謝您的來店

Point ◉在文章或對話的最開頭就先對顧客道謝

◉銘記提供訊息給顧客的形式應從道謝開始,再表達完想要傳達的訊息之後,最後以道謝結尾

315 製作向顧客表達謝意的佳句(問候)集

例 ▶經常準備好數種感謝顧客的話語

▶感謝詞句集錦　▶事前練習好道謝時要說的話

Point ◉準備好幾種開頭用的感謝詞,一直練習到能順暢掛在嘴邊為止

◉事先針對不同狀況一一整理好對應的謝詞,以便隨時拿出來使用,如果有新的謝詞就隨時追加上去

316 問候的內容從感謝訂購、購買開始

例 ▶感謝您的預約　▶感謝您的購買　▶感謝您的申請

▶感謝您的諮詢　▶感謝您的選購　▶感謝您的訂購

Point ◉回覆顧客的購買、訂購時,應從感謝的句子開始

◉寫給顧客的書信或文章裡,第一行就該出現感謝的語句

◉將「感謝您」+「顧客所做的行為」這個句型牢記在心中

133

71 傳達的方式要讓顧客覺得彷彿在現場感覺或體驗

想傳達經驗或是當時所體會到的情感時，較好的方式就是讓對方彷彿能夠身歷其境，這樣不僅聽者會更容易融入，也更能提升傳達的效果。且充滿臨場感的表現與影像本身就具有衝擊性，請直接呈現出最真實的樣子。最後請以充滿情感的方式，彷彿在現場那樣直接向顧客傳達出你的感受。

317 直接利用感動的瞬間所拍攝的影像作為宣傳的素材

例 ▶利用實況轉播的影片來傳達

▶利用感動瞬間的表情的影片來傳達

▶一邊敘說感受到的事情一邊將它錄下來

Point ●思考能否讓顧客正在體驗的樣子看起來就像實況轉播那樣
　　　●實際嘗試將感受到的事情當場就用話語表達出來，並對那些話語加以應用
　　　●若體會到的感受是「舒適的」，那麼便用語言和當下覺得舒適的表情一起呈現

318 感性地表達商品的優點、客觀地呈現來源依據

例 ▶將感受到的事物毫無修飾的呈現出來

▶呈現數據或資料時要說明來源依據

▶用感性的語句掌握傳達概念

Point ●商品的優點用帶有情感的形容來說明，而針對腦海中浮現的疑問則提出理由或根據來說明
　　　●用豐富感性的方式來傳達商品的優點，以刺激顧客對商品情感
　　　●以好像在說明當下所體會到的事物那樣來提出訴求

確實傳達訊息 Part ⑤

319 在體驗之前先利用影像來說明

例 ▶用影片在品嘗之前刺激食慾

▶給顧客觀看體驗瞬間的影像

▶給顧客觀看體驗過程中可以看到的東西

Point ◉將顧客覺得舒服的瞬間、或是之前是怎麼樣的狀況的影片給消費者觀看，並說明感到舒適的表情還會持續下去

◉在體驗想傳達的事物的過程中間，提供顧客觀看過程中會看見的影像，並用言語或表情來傳達實際的感受

72 「一而再再而三」地傳達真正想要傳達給顧客的訊息

即使已經向對方傳達了你想要傳達的事物，也不能就這樣放心。除非特別有興趣，否則人們不會對只聽過一兩次的事物留下印象。因此真正要傳達的事物，必須一而再、而再三地反覆傳達。這一點非常重要。容我再重複一次，請不要覺得不好意思，不斷地、不斷地反覆傳達想要傳達的事物。

320 在對話中數度提及想傳達的訊息

例 ▶在文中強調並多次出現想傳達的話（關鍵字）

▶在開頭與結尾之處明確地述說想傳達的訊息

Point ◉反覆在文章中使用想傳達的文字或關鍵字，並用粗體或引號強調

◉在對話時也要反覆提及想傳達的訊息

◉一定要在開頭和結尾出現想傳達的訊息

321 想傳達的訊息利用關鍵字不斷重複

例 ▶將用人際傳播推廣的事物請用一個的關鍵字來呈現

▶試著置換不同的關鍵字來說明想傳達的內容

Point ● 想利用人際傳播擴散的內容,或是希望顧客也能向其他顧客宣傳的內容必須有策略地用一個關鍵字來表現
● 試著思考將想傳達的內容變成立刻就讓人明白、簡單易懂的關鍵字

322 把想讓顧客記住的關鍵字設計成謎題

例 ▶「您知道其實最○○的是××嗎?」
▶「您知道什麼是對○○有幫助的東西嗎?」

Point ● 構思一個企劃,將希望顧客記住的話或關鍵字設計成謎題,並將關鍵字作為謎題的答案
● 構思讓顧客必需親自將關鍵字寫下來或輸入的企劃

Part 6

引導消費者採取特定行動

> 請傳達出
> 希望顧客採取
> 某些行動的訴求

　　對你而言最終目的應該是要讓顧客能夠採取特定的行動，而這些特定目的的行動會因應情況有所不同，可能是購買、申辦、索取資料、報名某項企劃、簽約、來電諮詢等等。然而，一旦顧客沒有意識到要採取這些行動，就不會輕易完成你希望他們做的事。

　　因此你應該用言語具體表示希望顧客能做哪些事，並且必須直接請求顧客去達成。

　　接著還要事先準備好適當的環境（狀況），讓顧客意識到該做哪些事的時候就能輕易地完成。

　　除此之外，你應該將這些具有特定目的的行動，包裝成對顧客而言極具魅力的事項，例如完成了哪些事就可以獲得某些好處或得到特別贈禮，讓顧客能夠達成你希望他們做的事。

73 善用「3的魔法」

數字「3」能夠派上用場之處遠超越我們的想像。篩選重要的事物時、舉例時、設計商品組合時、希望對方重複幾次相同的行動時，在許多不同的狀況使用「3」這個數字，不僅讓人覺得熟悉，甚至還能發揮簡潔的印象與不可思議的說服力。請巧妙使用3的魔法，抓住顧客的心。

323 製作要收集3點的集點卡

例
- ▶集滿3點即可獲贈小禮物
- ▶來店3次即可免費獲得○○
- ▶只要蒐集3張報名券皆可獲贈○○

Point
- ◉用「來店或購買3次」即可獲得某種贈品這類可以輕易達成的條件，來構思活動企劃
- ◉除了集滿3點就能獲得○○之外，還可以另外追加集滿1點、2點的小贈品
- ◉明確地傳達各種優惠的魅力

324 製作三件式組合

例
- ▶買到賺到的三件式組合　▶一次購足方便的三件式組合
- ▶入門的三件式組合
- ▶○○兩件組再附上××的三件式組合

Point
- ◉試著將相關的三件產品加以組合，並設計成讓人覺得經濟實惠的三件組
- ◉將平常的兩件式組合額外附加一件商品，塑造成三件式組合的印象
- ◉嘗試針對特定條件的顧客準備最適合他們、或是他們最需要的三件式組合

| 325 | 舉辦任選3件的特賣活動 |

例 ▶本區任選3件○○元

▶你喜歡哪一個呢？任選3件喜歡的商品○○元

Point ◉集合數種相關的商品，讓顧客從中挑選喜歡的3件，並且設定無論挑選哪3件都能以相同的合購價格購入
◉詳細介紹所有品項的魅力，誘發顧客產生哪種比較好呢？這種想要去挑選的心態

| 326 | 將商品的優點濃縮成三點以便於宣傳 |

例 ▶這個商品有三個優點，首先是……

▶商品特色1~3　▶第一項優點是……，第二項是……

▶○○的三大重點

Point ◉從商品擁有的各項特點中，篩選出三個顧客最能感受到利益的項目大力宣傳
◉從被認為比較重要的特點中，依序將三項特點以簡單易懂的方式進行宣傳
◉除此之外的特點，以其他還有或是有這麼多優點等方式陸續進行宣傳

74 讓顧客可以「一次買更多」

顧客有可能因為物理上或心理上的障礙，而無法大量購買商品。例如沒有地方保存、很難帶回家、手裡拿著其他物品無法再拿、經濟狀況不允許等。因此重點在於要掌握顧客的狀況，並為顧客消除無法購買的障礙，向顧客提供能夠購買更多商品的聰明方案。

引導消費者採取特定行動 Part ❻

327 舊品折抵優惠活動

例 ▶西裝套裝舊換新優惠

▶「收購沉睡在櫃子裡用不到的東西」

▶贈送收購舊○○的商品券

Point ●構思在顧客購買新商品的同時,能夠請店家收購已不再需要的舊商品的企劃,讓顧客購入新商品時更加輕鬆

●舊商品的收購方案可以做成在收購店家使用的折價券(限定使用的範圍)或優惠券等,讓顧客會在收購店家購買商品

328 將好幾件商品包裝在一起銷售

例 ▶成箱(包)販賣 ▶成套(必需品套組)販售

▶一次購買○○以上就能獲得 × 折優惠

Point ●用購買的件數增加,折扣也隨之增加的方式舉辦特賣活動

●顧客以箱、10個等單位大量購買時,可享有優惠價格

●用一般會需要的數量或使用起來較方便的件數為單位加以包裝,並設定套裝的價格販售

329 提供消費滿○○元以上免費配送服務

例 ▶購買一箱免運費 ▶限定商品享有免費配送服務

▶單一宅配地點只要購買○個以上可享免費配送服務

Point ●提供只要顧客購買件數或金額增加時即可享有免運費或免配送的服務

●嘗試針對講究新鮮度或較沉重的商品,提供大量購買即可免費配送等優惠方案

●明確記載一般的運費或宅配費用,讓顧客能確實體會免運費的好處

141

| 330 | 準備購物籃、購物車與手推車 |

例 ▶在各個場所備妥購物籃、購物車

▶在入口遞給顧客購物籃、購物車

▶重的商品直接放在推車上販賣

Point ◉為了讓顧客一次購買更多商品，最好能在賣場四處都備妥購物籃與購物車
　◉如果商品本身非常重，請多花心思在將商品直接放在推車上、或在商品本身加上提把、在底部裝上滾輪、或設計成與推車一組等方便顧客搬運的設計

| 331 | 為帶小孩的顧客準備嬰兒車 |

例 ▶準備停放嬰兒車的場所　▶購物專用嬰兒車

▶可乘坐兩名嬰幼兒的嬰兒車

▶結合嬰兒車的購物推車

Point ◉為了讓帶著幼兒的顧客能夠輕鬆地享受購物的樂趣，請準備附有購物籃的嬰兒車，或是結合嬰兒車的購物推車
　◉請在嬰兒車上花點巧思，裝上孩子會玩得愉快的玩具，或是可以發出聲音等等

| 332 | 設置供孩童遊玩的兒童區 |

例 ▶臨時托兒服務　▶幼童（小朋友）廣場

▶遊戲區　▶玩具間（積木間）

Point ◉為了讓攜帶孩童前來的顧客能夠輕鬆購物，在父母視線可及範圍內設置可供孩童愉快消磨時間的兒童區
　◉可在兒童區準備繪本、漫畫、積木等物品，或是利用螢幕持續播放卡通，讓孩童不會感到無聊

引導消費者採取特定行動 Part 6

333 設置置物櫃或寄物區

例 ▶「免費置物櫃」

▶「為需要冷藏的商品準備保冷劑」

▶「寄放冷藏商品的區域」　▶「寄物區」

Point
- 為了方便已經在其他地方採買完的顧客可以繼續購買新的東西，請提供隨身物品保管服務，以及免費置物櫃等裝置
- 如果是很重視新鮮度的商品，則不妨考慮準備冷藏空間、或提供免費保冷劑

75 用言語說出希望顧客一定要做的事

你的目的，通常是想讓顧客採取某項行動。那麼首先，就必須在接待顧客時，隨時想著自己最希望顧客去做的事。接著，在接觸顧客的過程中，再以更加具體、更加簡單易懂的話語，直接請求顧客採取特定的行動。

334 由衷期待再度「光臨」

例 ▶「請務必再次光臨」

▶「下回請容我為您提供○○的服務」

▶「衷心期盼您再次光臨」

Point
- 將期待顧客再次來訪的意念用直接用「表示行動的話語」傳達，讓顧客留下期盼他們這麼做的印象
- 事先準備好幾種與讓顧客下回再次光臨的行動有關的用語，以便隨時可以使用
- 表現出「打從心裡這麼想、打從心裡懇切期盼」的心意

143

335 下次請一定要嘗試（訂購）○○

例 ▶「您已經試過○○了嗎？如果還沒的話……」

▶「請您一定要××看看本店店長（主廚）推薦的○○」

Point ◉即便顧客沒有購買，但為了讓他產生想試試的心情，請同時表達出期盼顧客任意試用、以及期盼顧客務必嘗試看看

◉為了讓顧客在下次機會嘗試從未體驗過的商品，請明確傳達「務必要將這個商品推薦給還未嘗試的顧客」

336 請立即○○（來電、訂購、預約）

例 ▶「請立即洽詢」

▶「請立即申請」

▶「請先來店參觀」　▶「請輕鬆地前來諮詢」

Point ◉為了促使顧客立刻行動，應直接了當提出採取該行動的要求

◉準備好理由，說明為什麼希望顧客立刻採取該行動

◉事先準備好幾種直接請顧客採取某些行動這類意思的話語

337 最後，請千萬不要忘記這個

例 ▶「這件商品最重要的特點就是○○」

▶「請您一定要好好記住！」

▶「請記住關鍵字『○○』喔！」

Point ◉在與顧客接觸的最後一個時間點，將希望留在顧客記憶裡的訊息簡單明瞭地表達出來

◉簡單向顧客說明怎麼樣比較容易記住希望他們記住的內容或關鍵字

◉讓最後的重要訊息留下印象

引導消費者採取特定行動 Part ❻

| 338 | 首先，請先試著○○（體驗、感受） |

例 ▶「請摸摸看」

▶「請先感受○○的差異」

▶「請細細體會○○的感覺」

Point ●對於最開始希望顧客做的事，要給予簡單輕鬆的印象
●表現出讓顧客實際體驗、觸摸、感受是再自然也不過的事
●傳達出可以慢慢考慮要不要購買，但無論如何請先試試○○的心情

| 339 | 請務必○○此一大好機會 |

例 ▶「請不要錯過這次機會了」

▶「今天是最後一次機會」

▶「這樣的機會絕無僅有」

Point ●強調現在就是機會，因此做○○絕對不會錯
●強調這是最後的機會，希望顧客把握機會○○，不要因為錯過機會而造成遺憾
●在最後的訊息中再一次傳達

76 讓顧客能夠更容易進行下一個步驟

在顧客的行動中，存在著一連串「做了這件事之後，接著做那件事」的流程（模式）。就像是「接下來需要做這件事」或者「接下來想要做那件事」這一類固定的行動。因此，請先下手為強，讓顧客能夠輕鬆而自然地順著流程採取下一步行動。

| 340 | 推薦（銷售）顧客進行下一步驟所需要的商品 |

例 ▶介紹飯後甜點或飲料

▶販售顧客購買後會需要的商品（保險等等）

▶販售相關書籍

Point ◉寫下顧客接下來需要的物品、以及接下來從事的活動會需要哪些物品

◉思考有沒有針對這些行動所能夠提供商品或服務販售的部分

◉思考相關商品與服務可以用怎麼樣的順序加以排列，並依照這個順序介紹給顧客

| 341 | 發送指南（手冊）給使用者 |

例 ▶簡單易懂的說明手冊

▶只要有這個就夠了！簡易使用指南

▶製作親切的使用說明

Point ◉製作消費者能夠輕易使用的使用手冊

◉思考能否同時準備鉅細靡遺的指引手冊與簡易說明書

◉簡易說明書中要多使用照片與插畫，讓顧客依照說明就能順利使用商品

| 342 | 提供與購買相關「什麼都能問的免費諮詢服務」 |

例 ▶設置免費售後服務的期間

▶舉辦什麼都能問的免費諮詢會

▶設置什麼都能問的○○諮詢日

▶「若○○有任何問題，請別客氣隨時與我們聯繫」

Point ◉向顧客大力宣傳提供商品與服務購買前或是購買後的免費諮詢等隨時都會受理的服務

◉告知顧客購買商品後無論遇到了什麼困難都會免費提供協助，讓顧客能安心

343 提供代辦各種手續的服務

例 ▶代為申請○○　▶協助申裝○○

▶代為安排○○旅行手續　▶代為準備餐飲的服務

Point ●思考能不能提供為顧客代辦各種必要手續的服務
●試著將顧客必須自己安排、實行的工作一一寫下來
●思考是否能與各種代辦公司結盟，共同提供服務

344 將必需品組合成套（作為服務）

例 ▶組合必要工具（器材）　▶組合所有必要材料

▶組合材料與器材　▶加上○○的不費力組合

Point ●試著思考顧客在購買一件商品之後，是否還會需要其他必需品
●試著將該項商品，與其他必需品互相搭配組合，並以○○組合這種簡單易懂的方式命名販售
●明確告知顧客購買這個組合之後做什麼會比較輕鬆、這套組合有什麼與眾不同的優點等等

77　準備好「選項」供顧客選擇

就算只向顧客推薦一項優質的商品，顧客也有可能會猶豫再三而遲遲無法下手。這是因為少了「選擇」的行為。能夠從數個選項之中做出決定，不僅會讓顧客覺得滿意，也會減少擔心做出失敗選擇的不安。因此，請一定要為顧客準備數個選項，讓顧客得以做出滿意的選擇。

147

345 反覆詢問「哪個比較好呢？」

例▶ ▶建立以選擇開展的推銷模式

▶反覆詢問顧客哪個比較好

▶讓顧客選出一件自己喜歡的物品

Point ◉讓顧客從兩個選項中選出自己喜歡的商品，藉此慢慢導出目標商品
◉藉由從數個選項中挑選的方式，減少顧客擔心做出失敗選擇的不安
◉將曾經討論過的商品放在選項的2～3順位

346 刻意準備兩個以上的選項

例▶ ▶讓顧客從三個選項中找出一個最喜歡的

▶「已經配合您的需求準備好幾樣商品了」

Point ◉提出兩種以上顧客在購買前可能會列入比較的商品，藉由呈現其優劣的方式讓顧客有種從數個候選商品中挑出合適商品的感受
◉希望顧客選擇時務必事先提供數個選項

347 準備不同價位的商品（服務）

例▶ ▶3000元、5000元、8000元套餐

▶以不同的價格販售材料有些不同的商品

▶ABC三種價格方案

Point ◉即便內容看似相同的商品或服務，也可以試著稍微變化做成三種不同價格的商品販售
◉藉由準備不同的價格的商品影響顧客的選擇，以提高客單價
◉設置不同價格帶或套裝組合時，套裝組合的名稱應該要容易與價格帶連結

78 在顧客面前「實際示範模擬」

每個人在成長的過程中,都是從小就開始培養利用模仿來學習的習慣。因此,要引導顧客採取某項行動,最簡單的方式就是在顧客面前實際模擬(示範)。而示範的形式要盡量簡單,且要能夠在顧客的面前展現。請思考你希望顧客採取的行動是什麼,並立刻對顧客示範。

348 當場示範讓顧客參考

例 ▶需要觸控的東西就直接觸控給顧客看

▶商品只有一個按鈕時便直接按壓給顧客看

▶將門打開向顧客展示

Point ◉實際模擬顧客可能採取的行動,帶給顧客如同親身體驗般的印象
◉越是簡單的操作方法越要操作得輕鬆寫意
◉呈現使用商品的行為時,不妨活用壯聲詞,並誇張操作的動作,來強調商品的簡便

349 給顧客看見其他客人撥打電話(購買)的畫面

例 ▶給顧客觀看其他消費者諮詢的場景

▶給顧客觀看其他消費者前來詢問(申辦、購買)的場景

Point ◉給顧客觀看其他消費者購買、洽詢的畫面
◉給顧客來觀看店家與其他消費者的商談進展順利的影片
◉將顧客做出符合店家期待行為時所拍攝的影像播放給其他消費者觀看

350 讓顧客看見填寫訂購單（申請書）的場面

例 ▶讓顧客看不同消費者所填寫的申請書

▶讓顧客看其他消費者申辦時的畫面

▶製作幾種不同的訂單填寫方式

Point ◉呈現將其他顧客正在填寫訂單、契約書的畫面
◉將數名消費者所填寫的契約書、訂單做成樣本，呈現給其他顧客參考
◉配合顧客的狀況製作幾種不同的訂單填寫範例提供

351 讓顧客看輕鬆料理（操作）的場面

例 ▶當場實際製作、組裝

▶實際模擬簡易的操作方式　▶讓顧客看一般民眾操作的影片

Point ◉將「誰都可以輕鬆做到○○」的概念用簡單的方式實際操作給群眾看，以達到類似親身體驗的效果
◉將一般民眾實際操作、調理的畫面錄影下來，將該影片播放給顧客觀看
◉「因為有了○○，才能夠輕易完成，真令人開心」，用這樣的方式說明困難之處的存在也有其價值

79 將顧客的詢問視為最大的商機

你知道接到顧客的諮詢是代表潛在顧客反過來主動與你接觸嗎？顧客只在對商品有興趣或想了解時才會主動洽詢，因此，絕對不能錯過好不容易上門的大好機會，請立刻思考運用這類大好機會的方法與機制，讓顧客也會覺得：「真是個大好機會！」

352 接到顧客來電立刻回撥

例 ▶接聽電話時務必詢問對方來意

▶將打來的電話視為最大的機會

Point ◉若是顧客需要負擔通話費，基本上要請對方讓我方回撥

◉藉由我方回撥電話的方式，不僅可以正式詢問對方的電話號碼，也可以放心地長時間通話

◉將主動打來的電話諮詢視為與潛在顧客令人感謝的第一次接觸

353 利用電話進行簡單的問卷調查

例 ▶製作三分鐘就能完成的電話問卷範本

▶將想利用電話問卷從顧客端獲取的珍貴資料排定優先順序

Point ◉針對電話洽詢的潛在顧客問問我方想了解的基本問題

◉事前準備好幾個探詢客戶需求的問題，並藉由通話中反覆提出適當疑問的方式來得知顧客的需求

354 提供獎金給讓來電諮詢的顧客簽約的員工

例 ▶透過電話取得訂單就能獲得相應報酬的制度

▶只要回應諮詢電話就能獲得報酬的制度

Point ◉把諮詢顧客認定為潛在顧客

◉只要有顧客來電洽詢，員工就能獲得令人開心的內部特別贈禮

◉只要有洽詢的顧客親臨本店或者要求提供相關資料，負責應對的員工就能獲得相對的報酬

355 準備好接到來電諮詢時要推銷的商品

例 ▶立即為來電洽詢者準備可以馬上送出的資料或宣傳摺頁

▶事前就決定好要推薦給來電諮詢者的商品

Point ◉隨時在心中構思好要推銷給諮詢顧客的項目，例如現在的推薦商品或菜單等

◉事先準備好幾種打算在接到問詢電話時介紹的商品或贈禮

◉事前演練如何將顧客洽詢的對話內容導入實戰的推銷流程

151

356 提供特別優惠給電話預約者

例 ▶用電話（E-mail）預約便給予優惠

▶電話預約可享○○折優惠

▶準備電話預約專屬的贈品

Point ● 向顧客說明只要用電話預約或申請就能獲得特別優惠
● 告知客戶只要用電話預約就享有專屬折扣
● 為了讓顧客在電話預約時就能得知有特別贈禮，事前便準備好說明的內容

357 準備來電諮詢的專屬優惠（贈品）

例 ▶只要來電洽詢便能獲得○○好禮

▶只要來電洽詢便能免費獲得○○

▶來店就送特別贈品

Point ● 若有顧客在電話洽詢過程中當場就預約，那麼便告知顧客本店有準備優惠給電話預約者，以確實將預約與電話諮詢結合
● 告知顧客只是打一通電話就能獲得特別優惠，並明確說明該優惠的價值

358 透過電話告知獲得特別優惠的關鍵字

例 ▶「感謝您來電洽詢，我們將告訴您可以兌換○○折扣的暗語。」

▶「電話中才會告訴您來電時可獲得○○免費招待的關鍵字！」

Point ● 在電話中告訴洽詢者將來光臨本店時可透過電話中得知的關鍵字獲得優惠，以誘導顧客來店
● 構思一個宣傳企劃，讓顧客來電洽詢便能獲得兌換好禮的秘密關鍵字
● 這些可供兌換優惠的關鍵字就訂為店家想要傳達的商品特徵或是宣傳語

359 準備打電話才能利用的特別服務項目

例 ▶準備一份顧客不打電話便無從得知的特別菜單

▶對顧客說明只有打電話的顧客才能購買專屬組合（套餐）

Point
- ◉準備幾份只有打電話的顧客才能得知的專屬商品或菜單
- ◉準備幾項只有打電話的顧客才能得知的幸運優惠、驚喜好禮
- ◉將只為打電話洽詢的顧客準備專屬謝禮，包含特別優待與折扣的事情讓顧客知道

80 總之先請顧客「試試看」

顧客打算購物時，往往會擔心買了之後可能會後悔，或是做出錯誤的決定。因此為了盡可能消除顧客的不安，不妨為顧客提供「試用」的機會。顧客只要實際嘗試就會感到安心，甚至會想購買原本不在計畫中的商品，那麼，現在就立刻讓顧客任意試用吧！

360 為試用活動準備能吸引顧客的特別優惠

例
▶「報名試用就贈送特別的○○贈品！」
▶「○○試用大會！報名試用者就有機會抽中××！」

Point
- ◉構思顧客只要試用就能獲得○○的企劃，並準備目標顧客會想要獲得的好禮贈送
- ◉用簡單易懂的方式向試用對象傳達商品魅力，並展現這是一個能夠試用魅力商品的絕佳機會
- ◉將報名參加試用大會的顧客視為重要的潛在顧客，不斷地說明商品的特徵與魅力

361 設置試衣間（Fitting Room）

例
▶準備數個可供試穿的場所
▶張貼清楚指向試衣間的標示
▶向試衣間裡的客戶推薦其他商品

Point
- ◉將試衣間分散配置，讓顧客能夠輕鬆試穿
- ◉在高處張貼標示，讓顧客能夠輕易找到試衣間或可供試穿的角落
- ◉打算試穿的顧客往往極有可能會購買，因此不妨提出其他相關的建議，同時宣傳其他商品

| 362 | 在各處裝設鏡子方便顧客確認自己的模樣 |

例 ▶在賣場各處擺放可移動的全身鏡

▶在賣場設置可以改變角度的鏡子

▶在賣場各處放置幾個手持鏡

Point ◉盡可能在挑選商品的顧客附近擺放數個鏡子
◉注意顧客拿到商品時都會很在意自己穿戴起來會變成什麼樣子
◉在顧客穿戴後容易確認全身模樣的地方設置鏡子（全身鏡）

| 363 | 提供商品的正貨（樣品） |

例 ▶「免費致贈一份樣品給您」

▶「我們將免費致贈××給前○名顧客」

▶「首次體驗的顧客將可免費獲得○○」

Point ◉思考能否提供正貨讓顧客試用
◉構思致贈正貨的企劃，鎖定潛在顧客並提供實際試用的機會
◉簡單向顧客說明商品與優惠的價值後直接提供一份正貨供對方試用

| 364 | 舉辦試吃活動 |

例 ▶試吃party　▶○○試吃大會

▶○○免費體驗活動　▶免費○○體驗會

▶免費○○體驗空間

Point ◉舉辦能夠免費試吃及免費體驗服務的活動，並將目標設定為聚集潛在顧客
◉尋找能夠提供免費試吃的大型場所，並於事前告知這是許多人會參加活動，提高顧客蒞臨的意願
◉除了免費體驗之外，還要針對潛在顧客舉辦大家有興趣的趣味活動

365 準備體驗用的「試用品」

例 ▶「致贈試用包贈品」

▶「免費獻上一週份的○○商品試用包」

▶「免費試用包」　▶「免費試吃○○套餐」

Point
- 事先準備好方便顧客帶回家試用的試用品
- 試用品的大小要讓顧客能夠實際感受到商品的優點與價值，並清楚傳達這是一個大家都能輕鬆帶回家的輕巧包裝
- 務必在試用品上簡單說明商品本身的價值與優點

366 募集免費體驗商品的試用者

例 ▶免費體驗會員　▶一個月內可免費體驗商品的調查員

▶「募集一週間試用活動的參加者」

▶「募集免費體驗××的○○模特兒」

Point
- 藉由提供免費體驗或優惠的方式募集自願的調查員，並聚集潛在顧客
- 讓極有可能是潛在顧客的自願調查員實際體驗商品，並從他們這些潛在顧客身上獲得對商品的意見、感想或評價，並盡最大的可能將這些內容活用在廣告中
- 不僅提供試用，同時也另外準備一份特別的禮物給因募集前來的顧客

367 首次消費金額全額現金回饋

例 ▶「首次購買可享全額現金回饋」

▶「首次購買可獲得總金額一半的商品優惠券」

▶全額回饋活動

Point
- 為了降低首次購買的心理門檻，不妨提供全額現金回饋，好讓潛在顧客能夠獲得體驗的機會
- 針對首次使用者提供一份能夠讓他們輕易理解商品優點或價值的工具
- 回饋的方式可以是只能在同家店使用的優惠券，藉此促成顧客再次消費

81 金額不多也無妨，先讓顧客「決定購買」

人們在首次購買某項商品或服務時，往往會被一層心理障礙阻撓。若是不能跨越那層障礙，會無法行動。所以即便金額很小，一旦顧客決定購買，跨越心理障礙之後，對追加項目、商品的升級等就不太會加以抗拒。因此，不管什麼都好，請先讓顧客決定購買再說。

---

368 為新手（初學者）準備低價商品

例 ▶「新手包裝」 ▶「入門者的套裝」

▶「○○能輕鬆入門的套裝組合」 ▶「第一次體驗的○○套餐」

Point ◉針對新手準備低價商品，以降低第一次購買的心理門檻
◉利用前3次消費享有優惠價等不同的促銷方式，讓首次購買變得容易
◉向消費者清楚說明這是一項只有首購者可以享有的優惠方案

---

369 降低基本費將追加部分變成可自由選擇的項目

例 ▶「想輕鬆享受○○，基本費只要××元！」

▶「不常使用者只要負擔基本費○○元，之後追加的部分也只要××元！」

Point ◉為最基本的服務訂定一個優惠價格，其餘部分則隨顧客依喜好追加，並自行負擔不同的追加費用
◉將基本費定在相當讓人放心的位置，並傳達出儘管是基本內容，卻也充分具備魅力的訊息

---

370 銷售不會造成顧客太多負擔的小份・少量・低價商品

例 ▶「首先請先試一個看看」 ▶「這是少量的○克試用商品」

▶一口大小的試吃型商品 ▶試買用的小型○○

Point ◉用低價販售正品分裝的少量、小型商品，以及供短期使用的企劃商品等
　　　◉小分量商品要能充分傳達商品本身的優點，也容易讓人直接聯想到正貨的價值
　　　◉將商品或服務的內容均分成好幾分幾乎一樣分量的小型商品〔服務〕

371 將商品依照價位由低到高排序分類

例 ▶ 利用價格帶的不同，區分A、B、C三種不同的套裝（類型）

▶「首先介紹最便宜的○○套裝」

▶「首先讓我們從價格較低的○○開始介紹」

Point ◉將商品依照價格的低到高排列，並順著價格順序一次次提高介紹的層級
　　　◉建立一個首先從低價開始介紹的基本說明流程
　　　◉務必要從便宜的價格開始，有系統地為顧客說明

372 提供首次消費的顧客專屬的試用價或其他特別優惠

例 ▶ 僅限首次購買者的特別折扣價

▶首購限定試用商品（試用包裝）

▶首購限定價

Point ◉針對首購者訂定特別價格、試用價等，以價格的優惠為訴求
　　　◉準備首購者才能夠獲得的優惠，並簡單明瞭地告知消費者
　　　◉充分宣傳針對首購者推出的魅力好禮，強調這是個絕佳的購買機會

82 讓付款更加容易

一旦顧客決定好想購買的商品，要完成購買時，必定會經過付款的手續。然而面對高價商品，能不能分期付款，或能不能以信用卡付款等因素，都會影響到最後的購買的決策。正因為如此，請創造出顧客能夠以各種方法或條件付款，非常容易購買的環境，並讓顧客確實了解這裡能夠輕鬆付費。

373 提供信用卡分期付款服務

例 ▶收取信用卡　▶設計分期付款的方案

▶準備貸款制度　▶增加付款分期數等各種付款選項

Point ● 清楚公告本店能接受信用卡分期付款
● 若提供分期付款方案，便主動製作每月支付金額的範例，傳達月負擔金額意外不多的訊息
● 盡可能讓顧客自行選擇分期期數

374 降低各種手續費

例 ▶貸款免手續費　▶免轉帳手續費

▶零利率　▶免運費

▶免組裝費

Point ● 思考能不能免除顧客購買時要負擔的各種手續費
● 簡單傳達各項手續費都減免的優惠訊息，並提出「不利用這個機會購買反而是損失」的訴求
● 呈現出減免各項手續費的好處給顧客知道

375 讓顧客可以利用電子錢等各種卡片消費

例 ▶可用各種商品券支付

▶可用交通票券、高鐵票券等支付

▶商店系統適用於各種電子貨幣、電子錢包

Point ◉讓結帳可透過各種支付方法、卡片等無數手段完成

◉清楚明瞭地介紹本店接受多少結帳方式

◉思考能否有其他條件或方法讓顧客能用特殊商品或金融票券來支付

376 讓再次購買變得更加容易

例 ▶網路會員只要按下一個鍵即可完成購買

▶一個簽名就能訂購

▶一通電話即可購買

Point 建立一個訂單系統讓曾經消費的顧客下回購買時能夠更加簡單

◉思考回購時是否能透過一個按鍵、一通電話、一個簽名就能簡單完成購買手續

◉清楚告訴顧客往後的購買流程會變得非常簡單、便利

377 提供帳戶自動扣款服務

例 ▶每月消費金額自動扣款會更加便宜

▶每月消費基本額從帳戶自動扣繳

▶○○會費帳戶自動扣繳方案

Point ◉若是固定會產生費用的服務（商品），則不妨增加自動扣繳的付費選項

◉若是會費或每月固定要支付的金額，則讓顧客自行選擇要定期自動扣款或是一次支付一年份

83 讓顧客更容易走進店裡

你是否曾感覺到店家可以分成兩種，容易進入的店與不容易進入的店，而在各式各樣的商店中，店家本身的「進入難度」便是會影響顧客會不會進到店裡的主要因素，因此如果想要讓顧客輕易地走進來，請盡量改變氣氛與物理條件，讓顧客想走進來一探究竟。

378 敞開大門提高亮度

例 ▶ ▶大門固定開放

▶開放入口，讓空下來的座位清楚可見

▶入口處擺放色彩鮮豔的陳設

Point ◉入口周邊保持開放式氛圍，盡量不要讓工作人員站在正面入口位置
◉敞開大門，讓入口周邊顯得寬敞明亮
◉入口周邊的照明明亮、牆與台階的顏色也採用明亮的顏色

379 從入口便能看清店內的狀況

例 ▶ ▶入口部分採用透明建材（玻璃、透明塑膠布等）

▶入口保持寬敞並收拾好障礙物

▶用螢幕呈現店內的景況

Point ◉留意從入口到店內深處的動線是否有被障礙物屏蔽，讓顧客能從大門就看到店內的景象
◉用螢幕呈現出店內熱鬧的景象，讓顧客在入口就能看見。（也可以播放過去拍攝店內的照片或錄製店內熱鬧氣氛的影片、廚房的景況）

380 盡可能消除入口或通道等處的段差

例 ▶ ▶設置斜坡　▶階梯的一半改成斜坡式

▶裝設把手　▶在入口階差上鋪設緩衝遮蓋

Point ◉ 去除入口部分或進門處與馬路的段差,好讓嬰兒車與輪椅容易進入
◉ 將大門周邊與店內沒有障礙、可以順利進入店裡的路線以指標呈現
◉ 有段差的部分採取緊急措施,例如鋪上臨時緩衝蓋等

381 加寬入口前的通道讓入口更明顯

例 ▶入口部分的道路盡可能敞開

▶在入口裝設明亮的光源

▶在入口鋪設色彩鮮豔的地板

Point ◉ 拓寬入口前通道,讓入口的存在更加明顯
◉ 在大門前裝設能夠照耀入口本身的照明,使人從遠處就能看見
◉ 在入口播放音樂或充滿臨場感的店內聲響,並裝設閃爍燈飾等,好讓入口更加明顯

382 在往入口的方向標示→(箭頭)符號

例 ▶在店的入口處設置「→(箭頭)」的看板

▶設置「入口由此去」的指示牌

▶入口處的地板採用較明亮的顏色

Point ◉ 在入口周邊或能夠看得見大門的地方張貼箭頭(←),誘導顧客走進來
◉ 在入口或大門周邊張貼讓顧客更容易進店裡來的訊息,例如:「歡迎進來參觀」等標語
◉ 在大馬路或人流較多的場所張貼箭頭讓大家知道店家的存在與座落位置

161

84 讓申辦（訂購、購買）更加容易

你是否有曾經有過這樣的經驗？想要購買某項商品，卻因為不清楚訂購方式或覺得手續困難而放棄呢？即使想要購買（申請、訂購）商品，只要訂購方法「不清楚」或「令人感到困難」，顧客一下子就會放棄了。因此，請務必讓申請（訂購、購買）的方法盡可能地簡單。

383 提供各種申請方式

例 ▶電話申請　▶傳真申請　▶E-mail申請
　　▶網路專用電話申請　▶明信片（郵件）申請
　　▶報名專用卡片

Point ●將你所想到的所有訂購方式與手段全都寫下來，並盡可能採用各式各樣的訂購方法
●透過電話、傳真、網路等顧客經常用來聯絡的工具，讓訂購流程變得更加簡便
●詳記可使用的申辦方法、手段

384 準備申請專用欄位簡單的申請表

例 ▶準備一份讓申辦更加簡便的專用申請書
　　▶建立答題過程中申請書自動同步的系統

Point ●製作讓各種訂購流程變得更簡單的訂購專用格式（專用表單）
●配合顧客準備數種訂購單填寫範例
●花心思簡化填寫流程，例如更改提問形式、選擇題等等

385 已登入網站的會員在訂購時會顯示前次訂購的資訊

例 ▶簡化顧客每回重複填寫訂單資料的流程，透過系統自動留存資料，在顧客下回購買時直接代入
　　▶轉交前次訂購的資料卡

Point ◉為了簡化訂購時顧客書寫、鍵入資料的程序，在會員登錄資料中自動反饋出前次交易紀錄與收件地址等相關資料
　　◉構思一個方便客戶不用每次在訂購時反覆進行同一手續的系統
　　◉以只要登入會員訂購就很容易為訴求

386 利用序號（代碼）訂購

例 ▶將所有品項都編上序號，方便顧客以編號下訂單

▶用字母或拼音記號就能訂購

Point ◉思考是否能將商品、服務、各種品項都編列成數字或字母，讓訂購流程能夠更加容易
　　◉將所有商品都編上字母符號
　　◉分門別類製作整理好的商品一覽表
　　◉即便是用編號接受訂購（點餐），也應能使用商品名稱確認訂單內容

387 讓顧客能透過終端機等裝置直接在座位點餐

例 ▶準備點餐專用終端機

▶透過手機也能訂購

▶顧客在座位上即可輕鬆點餐

Point ◉思考有沒有不用呼喚店員到座位旁，也能順利完成點餐的方法
　　◉準備點餐專用的終端機或觸控式螢幕
　　◉若要加點人氣商品只要透過一個按鈕即可完成

388 製作有列出菜單的點餐紙

例 ▶製作只要寫下符號或數字就能點餐的點餐紙

▶在各處擺放點餐卡（紙）方便點餐

Point ◉準備好印有菜單的點餐用紙，並事先交給顧客
◉在菜單中附上點餐卡（點餐票）
◉盡可能將點餐單設計得簡單易懂，並預留空間方便追加店家推薦餐點或每日限定商品

85 讓顧客看見「賣得很好的證據」

選擇商品的過程中，你是否會在意哪項商品賣得好，甚至會忍不住購買賣得好的商品呢？也因為這樣賣得好的商品又會賣得更好，而這就是熱賣商品所具有的銷售能量。因此請設法提出證明商品賣得很好的「壓倒性證據」，讓顧客知道「這項商品很暢銷」的事實。

389 傳達庫存減少的實況

例 ▶用具體的時程表反映庫存減少的狀況

▶用「還剩○個」的庫存量來表示剩餘數量

▶公開前一天賣掉的個數

Point ◉將因其他顧客購買而使庫存減少的狀況用實際的時間表時時更新
◉接下來將因商品熱賣而銷量不斷增加的事實用畫面顯現出來
◉在商品說明周邊明顯地標註前一天的銷量或過去三天的業績

390 標註完售商品

例 ▶用「SOLD OUT」、「本商品已售完」等標語標示商品已全數售完

▶張貼售罄商品一覽表　　▶優先介紹完售商品

Point ◉不要將因人氣超高而售完的商品從畫面或品項表中刪除，反而應做一個可以讓大家立刻知道售罄事實的顯著標記
　　　◉光是持續售完的人氣商品本身就足以具備增加詢問度的功效
　　　◉在售罄商品周邊擺放類似商品或其他推薦產品，千萬別錯過任何一個專程來店的顧客

391 公開訂購數、預約數等相關資訊

例 ▶目前預約數（訂購數）公告欄

▶讓顧客都能一覽目前的預約狀況

▶隨時更新目前的訂購人次

Point ◉將商品的預約數或訂購數公布出來，讓任何人都能輕易看見
　　　◉公開當天的顧客姓名或其他資訊，呈現出洽詢熱烈的銷售情況
　　　◉公開當月購買消費者的相關資訊與其購買的商品讓大家知道

86 設計提早行動可以獲得優惠的機制

對顧客來說，既然是要與大家採取同樣的行動，那麼自然會希望對自己越有利越好。為此，可以準備對顧客具有吸引力的特別優惠，向顧客強調，如果希望獲得特別優惠，就要盡早行動。越早行動，獲得的優惠越大；越晚行動，獲得優惠的機率就越低。

392 提供早鳥優惠

例 ▶首批申辦即可獲得○○好禮

▶預購即可免費獲得○○

▶早鳥優惠○折　▶搶先預約免手續費

Point ◉為事先預購、商品正式開賣前的早期訂購對象設定特別價格
◉除了提供價錢上的折扣之外，還可針對首批預購、初期購買對象提供價格上無可替代的特別贈禮
◉首批預購、開賣前、以及開賣當天的價格有明確的差異

393 依先後順序提供優惠給前○名申請的顧客

例 ▶「前100名可獲得三折優惠」
▶「前500名訂購者可免費獲得○○好禮」
▶「致贈○○券給前一千名消費者」

Point ◉按照購買先後順序提供無法任意以價格交換的特殊贈禮
◉早鳥優惠的限定人數應定在讓人感覺不快點行動就搶不到的數字
◉分數次提供早鳥優惠的限定銷售會

394 製作預售專屬商品（預售票）

例 ▶針對預購製作限定商品　▶預購優惠商品
▶販售附加優惠的預約購券（票券）

Point ◉準備只有搶先購買或預購者才能買到的專屬商品
◉企劃預購、搶先申辦專屬商品，以限量方式進行販售
◉也不妨規劃購買一項商品即可獲得其他商品優先購買權（預約券）的方式，將兩項商品的銷售結合在一起

395 依照先後順序給予不同等級的優惠

例 ▶依照訂購順序開放選擇○○贈品
▶依照訂購先後順序可獲得喜歡的○○好禮
▶依照報名順序可優先選位

Point ◉依照報名（訂購）的先後順序不同，可獲得的優惠也順次遞減。（依照先後順序選位、先報名者可被安排在較好的席次、搶先預購者可以挑選喜歡的品項等等）
◉思考依照訂購先後順序的不同，可以提供的特別優惠有哪些
◉分多次進行早鳥優惠銷售活動

引導消費者採取特定行動 **Part 6**

| 396 | 越早訂購可獲得多折扣 |

例 ▶區分不同期間給予不同的早鳥優惠（預購折扣、首批購買優惠）

　　▶半年前折扣　▶一年前折扣　▶三個月前折扣　▶一個月前折扣

Point ◉依據訂購期間設定不同的價格、折扣方案，越早訂購價格越划算
　　　◉依據訂購日的不同，故意制定差距甚大的限定價格
　　　◉清楚地呈現不同訂購時間的價差給顧客知道

87 提供可以採取行動的「動機」

即使顧客想要採取某項行動，通常不會立即付諸實行。必須要有某些契機，才會讓顧客更加順利地採取行動。因此，我們可以為顧客提供付諸行動的契機。無論什麼都可以，只要準備好能讓顧客意識到該項行動、或是讓顧客願意採取行動的事物，直接鼓勵他們去做即可。

| 397 | 傳達前一位與下一位顧客的購買狀況 |

例 ▶介紹前幾位買家的資訊

　　▶傳達現在正好有顧客要顧買的訊息

Point ◉對顧客介紹方才的顧客是什麼樣的人？購買什麼樣的商品，以及正在購買的顧客的情報
　　　◉讓顧客隨時都能看見其他顧客最近的購買情報

| 398 | 服務過程中提供其他服務項目選單 |

例 ▶只在用餐過程中才會出現的特別菜單

　　▶最後提供的特別菜單

　　▶「這些特別項目僅提供給選擇○○方案的來賓」

167

Point ◉準備一份顧客在接受服務的過程中（特別是後半段）才能選擇的特別品項
　　　◉準備一份只有選擇某項商品的顧客才能擁有的專屬品項
　　　◉明確的告知顧客專屬菜單（訂購單）與一般的有何不同

399　讓顧客有機會得知其他顧客的訂購內容

例 ▶讓顧客可以得知其他顧客的訂購狀況

　　▶張貼當天的訂購數、點餐數在牆上

　　▶讓周遭的人都能聽見訂購內容

Point ◉讓顧客能夠知道、看見其他來客訂購的物品是什麼
　　　◉用實際的時間表呈現目前正在熱銷的商品與其銷量
　　　◉用爽朗有精神的聲音喊出目前被訂購的商品名稱與數量，讓其他顧客聽見

400　詢問是否需要（追加）○○

例 ▶「是否要加點呢？」

　　▶「是否要加點今天推薦的特製甜點呢？」

　　▶「為您加購最近的人氣商品○○好嗎？」

Point ◉記得固定一段時間就詢問客戶
　　　◉準備可以順手提供的推薦商品說明等資料
　　　◉將想提供給顧客的人氣單品或追加項目精選製作成數個種類的菜單，在適當時機提供給顧客

401　特別準備極具魅力的優惠給當日消費的顧客

例 ▶「只有今天購買才可享有超值優惠」

　　▶「今天簽約即可享有○○免費優惠」

　　▶○日當天限定優惠

Point ◉提供僅限當日購買才可擁有的魅力優惠，並強調隔天不會繼續該優惠活動
　　　◉告知顧客這是只有當天購買才能擁有的特別優惠
　　　◉當日限定優惠不只是價格優惠，也讓顧客感受其他類型的特惠

引導消費者採取特定行動　Part ❻

402　致贈僅限當日使用的禮券（折價券）

例 ▶「當日使用限定○○折扣券」

▶「限定○日使用的5000元商品券」

▶「僅限本日使用的免費○○服務券」

Point
- 在顧客購買前先致贈僅限顧客當日使用的折價、優惠券
- 準備某項商品或服務的免費兌換券，使用期限則僅限活動期間
- 明確強調沒有使用折價券的一般定價，以放大折價券的優點

403　購買時以抽籤決定折扣

例 ▶「當場抽籤決定折扣！最高可享二折優惠！」

▶「結帳大挑戰！抽籤享受高額折扣吧！」

Point
- 舉辦只有消費的顧客者能夠參加的抽籤活動，獎項涵蓋最低到最高的折扣，讓顧客可以享有各式各樣不同的折扣優惠
- 抽籤可獲得的折扣最高額盡可能訂高
- 抽籤可獲得的最低折扣也設定在充分讓人開心的折數

88　帶領顧客跨越「首次進入的門檻」

一般人都很討厭自己做出錯誤的選擇。因此，很容易就會遭遇到對第一次接觸的事物或未知的事物感到不安與懷疑的「首次進入門檻」。對於第一次光顧的顧客，要準備能夠減輕顧客不安與懷疑的條件或特惠，清楚讓顧客知道，即使做出錯的選擇，也不會有太大的損失。甚至向顧客強調，正因為是第一次，才會擁有的超值優惠。

| 404 | 提供首次○○半價（免費）服務 |

例 ▶首購半價優待

▶首次來店任意選購皆享半價優惠

▶首次購物享有免費服務

Point ◉首次購買商品或服務的消費者可享半價、甚至免費的優惠

◉準備一個足以讓首次購物的顧客感到衝擊的超值優惠

◉在針對折扣價格明確地告知原價之餘，也一併將產品本身的魅力簡單易懂地說明給客戶聽

| 405 | 僅限首次購買享有的○○現金回饋 |

例 ▶首購者可享半價現金回饋

▶首次購物時，基本費全額退回

Point ◉針對首次購物的顧客提供結帳後半價、甚至大半金額回饋的超值優惠

◉除了部分費用之外，其餘金額全都以現金回饋

◉現金回饋的方案也可以是僅限該店使用的折扣券、並試著限定必須分好幾回使用來增加回客率

| 406 | 首次消費，兩人同行一人免費 |

例 ▶「首次消費兩人同行可享○○元優待」

▶「首次消費兩人同行一人免費」

Point ◉為首次購物者準備超值優惠，例如以兩人為單位降價、半價，甚至免費招待等

◉設定兩人中任一人免費的方案（僅限一人），以留下強烈的印象

◉以「兩人同行一人免費」的口號為訴求

| 407 | 不滿意則無條件退費服務 |

例 ▶「不滿意則全額退費」

▶針對首次使用的顧客，保證服務到滿意為止

▶「不滿意，免錢！」

Point ◉探討萬一顧客不滿意時是否能無條件退費,並遵守與顧客的滿意度約定?
　　◉盡可能仔細向不滿意的顧客詢問原因,並立刻思考改善對策。
　　◉時常記錄並分析顧客因不滿意而退款的紀錄,以及其中的原因。

408 ○個月××免費的服務

例 ▶半年內每月使用費免費

▶三個月內免費使用

▶一個月內所有的服務免費

Point ◉針對初次使用者(訂購者)提供一定期間的免費享用服務
　　◉思考各種不同的優惠模式,例如自申辦首日開始一週免費、一個月免費、三個月免費、半年免費,或是僅限首購當日開放10件商品免費試用等等
　　◉正式向顧客說明免費商品的優點

409 設定「免費試用期間」

例 ▶一週免費試用期

▶「首週怎麼使用皆免費」

▶「自申辦日開始不限次數免費試用一個月」

Point ◉設定一段免費供顧客實際試用商品或服務的時段,這段時間結束後導入正式申購的流程
　　◉讓顧客在免費期間中盡享該目標商品的優點與魅力是最主要的訴求
　　◉將這段免費期間中,顧客能感受到的便利與商品巨大的價值具體呈現出來

410 首次訂購時○項商品免費

例 ▶「首次訂購可享前三項免費」

▶「首購消費者前兩次都可享有免費優待」

▶「前三堂課免費」

Point ◉試著提供前幾回免費服務或商品給首購客戶
　　　◉訴求：「首次購買您喜愛的○○，可享××次（個）免費招待！」
　　　◉明確宣傳該免費服務或商品原先就具備的魅力與價值

89 讓顧客覺得很難買到

即使是相同的事物，只要讓顧客感受到其稀有的價值，就會忍不住想要擁有。請經常思考如何賦予相同商品稀有價值？如何讓顧客覺得商品難以取得？接著準備能夠具體呈現該項商品稀有價值的證據與資料，徹底地靈活運用。

411 展現取得商品所花費的工夫與心血

例 ▶展現出「終於」取得商品的心境

▶對客戶述說取得商品的艱辛故事　　▶○○買主的艱辛故事

Point ◉分享從取得到販售商品中間經歷了多少煎熬、積聚了多少辛酸等等交織血淚的故事
　　　◉利用種種吸睛的標題，例如：「商品入庫之前經歷的一番波折」、「買主的故事」、「請讓工作人員說！」等，傳達出調貨的艱辛與商品本身入手的困難

412 以過於暢銷作為缺貨的理由

例 ▶「太過熱銷了真是抱歉，目前缺貨中。」

▶「目前因為高昂人氣而缺貨中。」

▶「由於訂單源源不絕，目前仍處於缺貨狀態。」

Point ◉即便是因為備貨不足造成缺貨也要表現出超乎預期熱賣的樣子，並一併記錄下回預定到貨的時間
　　　◉用「太過熱銷」、「人氣很旺」、「訂單源源不絕」等引人入勝的理由來說明缺貨原因
　　　◉為了讓顧客存有下次購買的欲望，即便缺貨也要好好介紹商品，並說明其優點

413 以具體數據證明商品的稀有

例 ▶「日本市場限定○○個」

▶「受到氣候影響,今年能出貨80%的量已經是極限」

▶「從一頭牛身上可取得的部分僅有○公斤」

Point ◉如果有數據或證據資料可證明該商品的稀有價值,就算只有一些少量的資料也應拿來活用於宣傳中
◉無論從哪個方向切入都好,去尋找商品本身讓人覺得稀有的範圍、領域
◉如果有讓人聯想到稀有的理由或事實(狀況)則不妨拿來用於宣傳中

90 準備顧客也認同的「購入關鍵(理由)」

儘管顧客都是基於情緒或喜好來選擇商品,還是會希望自己的選擇是基於合理且令人信服的理由。如此一來,顧客才會覺得自己是基於合理的原因而購物,也才會覺得划算。高價商品更是如此。顧客會希望自己不是憑感覺,而是基於令人信服的特別理由。因此請幫忙準備顧客能夠認同的理由,傳達給猶豫不決的顧客

414 為顧客設想購買的理由

例 ▶「想到○○真是不得不買呢」

▶「要做○○的話,果然還是會選這個吧」

▶「因為○○所以才買了這個對吧」

Point ◉請準備好各種藉口,好在顧客消費後提出「為什麼要買這個?」的問題時,能臉不紅氣不喘的答覆
◉從顧客購買時所言及的藉口當中思考能用在宣傳詞上的話語
◉思考顧客也能夠認同的購買藉口

415 邀請該領域值得信賴的人推薦商品

例 ▶知名主廚○○大力推薦的××

▶○○專家自信推薦的××

▶○○研究所所長推薦

Point ●從與商品有關的領域中蒐集熟知該商品的知名專家、同領域名人等對商品或服務的好評，並活用在宣傳中

●請一般人認知的專家、研究人員、醫生、律師、大學教授等人對商品作介紹與評論，並活用在商品說明中

416 告知這是唯一的機會

例 ▶向顧客說明可販售的數量僅限目前的庫存

▶「我們並沒有下一波進貨計畫」

▶「這是最後一次機會」

Point ●宣傳「能夠購買這項商品的機會僅有這一次，空前絕後，不買會後悔喔」

●訴求「現在不買，以後再也不會有這樣的機會和這麼好的條件了」

●宣傳「以後再也不會有這樣的機會了（○○的預定）」

417 強調這是針對特定顧客所設計的商品

例 ▶「這是針對在意乾燥肌的輕熟女所推出的保濕乳霜」

▶「這是針對下班後想輕鬆運動的女性所推出的○○」

Point ●強調這項商品是針對特定對象所推出

●傳達出「如果您符合這些條件，這項商品將最適合您」的訊息

●組合多項條件以區隔出目標對象，讓符合這些條件的人能抱持高度的興趣

418 依照年齡、性別來設定價格

例▶
- ▶幼兒票價　▶小學生票價　▶國中生票價　▶女性票價
- ▶年長者票價　▶高中男生票價　▶高中女生票價
- ▶二十至二十九歲票價

Point
- ◉如果商品或服務按照年齡或性別設定金額可讓目標對象感受到優惠,則不要採用統一費率,反而依照年齡、男女進行價位區分
- ◉如果將某特定族群視為目標客群,則不妨針對該客群採行最優惠的價格區段

419 讓顧客明白某個行動會為他帶來什麼樣的利益或損失

例▶
- ▶「現在不申辦,就無法獲得紀念○○」
- ▶「現在申辦就可獲得限定○○」

Point
- ◉簡單易懂地向客戶傳達做與不做某件事,可以「得到」什麼?或「損失」什麼
- ◉具體且徹底向顧客傳達:做與不做某件事可以獲得的價值與損失是什麼
- ◉訴求「現在」不做就沒意義

91 不要拘泥於特定銷售形式

如同顧客無論在什麼時候、什麼情況下,都有可能想要商品;就代表無論在什麼時候、什麼情況下,都存在著同等的銷售機會。因此銷售方式不能一成不變,必須發揮自由自在的創意,構思自由自在的銷售方式。只要你覺得能讓顧客感受到價值、覺得賣得出去,那麼賣什麼都可以,而且也不需要拘泥於特定的銷售方式。

420 讓顧客在任何情況下都能購買商品

例 ▶從進店門開始就能購買　▶填表購買

▶登記購買　▶出店門也能買

▶預約電話購買

Point ◉構思幾個好點子讓顧客不分時間場合，在任一狀況下都能完成交易
　　　◉思考能否不分店內外都能銷售
　　　◉試著讓顧客不親自到店裡，透過電話、傳真、E-mail都能訂購

421 銷售半成品（刻意製作到一半的商品）

例 ▶「為○○加上最後一筆的就是您！」

▶「隨您心意調整的○○」

▶「只要稍稍加工就能完成專家也汗顏的○○」

Point ◉思考能否將即將完成的商品或半成品（手工品）加上任何意義拿來販售
　　　◉向顧客說明半成品具備依自己喜好加工、完成、創作的附加價值
　　　◉將困難的部分都做好，只留下簡單的手工部分

422 銷售瑕疵品、次級品

例 ▶販售瑕疵品　▶販售粗糙次級品

▶販售製造過程中產生的不良品（品質無虞）

Point ◉考慮能不能將平常只能被迫丟棄，或對內販售的瑕疵品、次級品視為可銷售商品對外販售
　　　◉準備一個銷售瑕疵品的區域，並詳細說明是哪些商品，以及強調品質無虞

423 將製造過程中產生的副產物（加工）販售

例 ▶販售切下來及剩餘的部分

▶「本店銷售吐司麵包」

▶「本店銷售○○濃縮萃取物」

引導消費者採取特定行動 Part ⑥

Point ● 思考能不能將商品製造過程中產生的副產品略為加工後做成新的產品販售
● 思考能否推出類似：「將製造過程中產生的○○加上××之後就產生了□□」的相關產品（因加入其他東西而誕生的新產品）

424 可以租賃（共享）

例 ▶租借○○服務　▶○○分享服務

▶「要不要在很難整理的地方租一台○○用用看呢？」

▶租借○○服務

Point ● 思考能不能將一般想當然爾就是用來販售的商品拿來提供租借或分享服務
● 即便不是正品，也不妨思考能否提供一部分作為租借或分享之用
● 訴求溫柔對待環境與土地的環保服務

425 銷售加工（烹調）前的原料與食材

例 ▶燒肉店銷售肉品

▶可樂餅店銷售油炸之前的可樂餅

▶壽司店販賣生魚片　▶餐廳銷售生鮮蔬菜

Point ● 如果自家商品的原料極具特色，那麼不妨將料理或加工前的材料也拿來販售
● 思考能否將各種製作過程中的半成品拿來販售，例如預備好的材料、或是加熱前的食材等
● 思考能不能將用慣的食材些微加工製作成其他商品

426 將招牌的元素角色化並製作周邊商品

例 ▶將名社長或名店長角色化，製作成周邊

▶將看板商品或招牌料理（菜單）等特色角色化，製作成周邊

Point ● 思考能否將自家的招牌菜單或招牌人物（老闆、店長）角色化，並將其製作成周邊商品（小物）販售
● 思考能否將招牌菜單、招牌餐點、店面外觀等自家別具特色的部分擬人化成一個角色

177

427 廚師、技術人員等的派遣（出差）服務

例▶派遣工作人員到府服務

▶廚師（主廚）到府服務　▶外派廚房服務

▶○○的專業派遣服務

Point ●思考能不能派遣本店優秀的工作人員、技術人員、廚師到外地服務或出差，以創造新的價值
　　●一一寫下自家工作人員能在顧客眼前揭露的技術與訣竅
　　●試著構思「○○派遣（出差）服務」的好點子

428 出借商店部分空間或閒置的空間

例▶出借店鋪走道等空間的架子當作賣場

▶出借通道死角部分的空間

▶出借出入口一側

Point ●思考能不能藉由出借店鋪的一部分或不用的空間給產業近似的其他公司，來提升整體店鋪魅力與達到集客的效果
　　●向常客詢問如果店鋪騰出一部分的空間，他會希望哪些業者或服務進駐
　　●該空間販賣的商品價格應清楚標示

429 出借公司使用的系統

例▶租借○○管理系統

▶租借○○簡易接單系統

▶租借○○提案系統

Point ●思考能否將公司平常用來管理員工、客戶資料、顧客訂單等的相關系統租借給其他公司使用
　　●製作一份一覽表列出能夠借出的系統內容與定價

430 舉辦收費研討會（座談會）教授自家的know-How

例 ▶ 舉辦收費的○○研討會

▶ 舉辦個別領域的付費員工研習會

▶ 開設素人也可以馬上○○的講習

Point
- 思考能不能以公司或職員、現場工作人員所累積的Know-How為題開設講座
- 依照種類列出所有經驗Know-How的一覽表
- 思考能否接案負責其他公司的職員研修

431 為其他目標客層相同的公司代售商品

例 ▶ 向顧客代售其他公司的產品

▶ 仲介銷售顧客欲購買的其他公司產品

▶ 收費介紹其他公司產品

Point
- 試著寫出目標客群相同的其他公司產品或服務有哪些
- 探討是否能夠代為銷售該產品或服務
- 思考能否藉由代為向顧客介紹其他公司產品向該公司收取對等報酬

432 銷售樣品、展示品、被退回的商品

例 ▶ 販售展示家具 ▶ 販賣展示裝飾物

▶ 用超值價格販售展示用商品

▶ 低價銷售多餘的樣品

Point
- 考慮將販售展示品、整新品、或是只有包裝破損的產品、體驗樣品等以大幅低於一般售價的價位銷售
- 強調雖然是以破盤價銷售，但品質完全無慮，藉此營造超值感

433 改裝時銷售原本在店內使用的裝飾品及小東西

例 ▶ 在改版裝修特賣會上販賣店鋪裝飾品等小物

▶ 將曾使用過的○○當作購買商品的贈禮

Point ◉若在店面改裝時打算丟棄店鋪看板或小盤子、壁畫等東西,不妨廉價販售給消費者
◉想看看如果能將店內使用的小物致贈給常客當作時常光顧的贈禮,會不會讓他們開心

434 介紹只有消費的顧客才能購買的特價品

例 ▶「這是僅限本次購買者的特權!可用××萬元購入○○」

▶「僅提供給申辦者的特惠活動」

▶「僅供購買者參考的商品型錄」

Point ◉思考能否專為購買商品或服務的顧客舉辦特惠活動
◉試著以更優惠的價格一併販賣與顧客採購的商品相關的好物或服務
◉藉由限定促銷的方式,向顧客傳達店家進一步介紹、販賣的商品有何必要性(關聯性)

92 思考商品銷售會經歷哪些階段

只要調查理想的商品銷售方式,就會發現商品在銷售前會經過數個固定的步驟(階段),也就是顧客在購買商品前會經歷的步驟(階段)。正因為如此,更要了解這些步驟中存在哪些內容、檢視這些步驟中需要注意的重點加以調整,進而讓銷售更加順利。

435 重新修正成交前不同銷售階段的步驟

例 ▶試著以三個階段構成推銷的步驟

▶建立銷售的基本步驟

▶銷售步驟檢視清單

引導消費者採取特定行動 Part ❻

Point ◉徹底分析得以順利銷售的業務流程,以追求自己的銷售模式
　　　◉思考在能夠順利推銷前需要經歷幾個階段,並一一寫出來
　　　◉寫出銷售階段中有確認必要的項目或內容,做成檢視表

436 設計數種不同模式的銷售階段組合

例 ▶製作幾種一定能成功成交的模式
　 ▶反覆練習能夠順利成交的方法
　 ▶銷售方法競賽

Point ◉分析順利成交的成功案例,製作以成功銷售為目標的必勝模式
　　　◉反覆練習必勝銷售模式,讓這些方法內化成自己的
　　　◉職員各自找出熱銷模式與全公司的人分享,並一起找出真正的熱銷步驟(形式)

181

Part 7

提供
持續的滿足

> 讓顧客覺得滿足，
> 想要消費第二次、
> 第三次……

　　不知道你有沒有發現只購買一次的商品或只光顧一次的商店等「只有一次」的存在，數量遠比你想像的多很多。

　　而現實的狀況是，只購買一次顧客就不會購買第二次的商品，或只光顧一次就顧客不會再去第二次的商店真的非常多。但如果你的顧客都是「只消費一次」，就容易陷入必須隨時發掘全新顧客的惡性循環。

　　所以讓顧客覺得滿足，想要消費第二次、第三次才是最重要的，無論如何都要設法給予顧客持續的滿足，與顧客建立長久的關係。

　　因此要能夠掌握顧客的心情，了解顧客對什麼感到滿足、對什麼感到不滿，並持續努力「加強讓顧客覺得滿意的部分、不滿的部分就改善到顧客滿意為止」。

93 設計讓顧客「想再次光臨的機制」

當曾經光顧過一次的顧客再度光臨，銷售機率就會加倍。因此，為顧客準備的活動機制或特殊禮遇，就應該要設計成讓顧客想再來第二次或是若不光顧兩次就沒有意義。該怎麼做才能讓顧客抱著期待而想要再次光臨呢？請徹底思考讓顧客不要只來一次的規劃與設計。

437 競賽結果數日後才在店內公布

例 ▶ 在某段期間於店內公告○○競賽優勝者

▶ 預計在店內公開○○優秀賞結果

Point
- 將特別活動或抽獎大會的成果發表訂在活動過後數日於店內舉行
- 有效利用店內的牆壁等空間，張貼徵選作品或優秀成品
- 公告「結果發表將於○月×日於店內舉行」，促使顧客再度來訪

438 在店面交付（畫框、杯子等）作品

例 ▶ 在店內轉交碗盤等燒製物

▶「將在店內交付裝好照片的紀念相框」

Point
- 舉辦可讓顧客參與製作的活動，並訂在數日後交付完成品
- 為了完成作品，必須在店內一側進行相關工序
- 或者並不當場轉交作品，順其自然讓顧客無法當場完成作品，好促成二度來訪

439 數日後在店內發表抽獎結果並遞交贈品

例 ▶ 在店內公布當選者　▶ 在店內公布抽獎結果

▶ 得獎者的發表與獎品致贈將訂在○月○日於店內舉行

185

Point
- ●在店內舉行競賽抽獎活動，或是制定抽獎當天必須在現場才能取得得獎者權利的規則，讓顧客不來店就失去機會
- ●得獎者發表與贈獎都僅限於店內舉行，好促使顧客再次光臨
- ●給予下次來店可使用的優惠作為獎品

440 將下次消費可用的高額折價券當成贈禮

例 ▶「在場所有來賓，每人都可獲得一張下次消費可抵用的千元折價券」

▶「獻上下次消費可使用的五折優待券（○○元券）」

Point
- ●試著將致贈給顧客的獎品設定成下次消費可使用的優惠券（折價券、現金券）等
- ●將折價券設定成消費○千元以上才可使用，限定顧客消費的條件
- ●優惠券的設計應給人高級感

441 準備下次來店可獲得的豪華贈品

例 ▶二次來店禮○○

▶二次來店一定能獲得的好禮

▶二次來店抽獎機會

Point
- ●準備二次來店顧客一定可獲得的優惠（贈品）
- ●以二次來店禮如何精美為訴求
- ●展示二次來店即可獲得的精美禮品，藉此打動顧客

442 （透過其他媒介）邀請顧客再次光臨

例 ▶「請您務必再度光臨」邀請卡

▶「即便單獨一個人也請務必再次光臨」邀請卡

▶「敬請再次光臨」糖果（小物）

Point
- ●用期盼顧客再度光臨的請託訊息製作成邀請小物，並交給顧客
- ●最後會交給顧客的東西有什麼呢？不妨試著思考能不能將懷抱熱誠的訊息加在那件物品上頭

443 拍攝記念照片並加工處理，待顧客再次光臨時致贈給顧客

例 ▶日後將放有紀念照片的原創相框當成贈禮

▶沖洗紀念照片於顧客下次來店時轉交

Point
● 詢問顧客能否將來訪時愉快的畫面拍下來做紀念？並約定下回來店時轉交
● 在約定證明、交換證明上押上日期交給顧客，下回客來店時便把加工過的漂亮紀念照（相框）當成禮物致贈給顧客

94 「將所有與顧客的接觸」都視為重要商品

所有與顧客接觸的接點都是能夠產生價值的機會。無論在什麼地方、什麼情況下，與顧客攀談與應對的方式、帶給顧客的印象等都可以視為是重要的商品。因此，你必須明白存在於商品周圍，所有與顧客接觸的點都會產生價值，請具體想像顧客會採取的行動流程，徹底掌握所有接點加以調整

444 重新檢視會觸及顧客心理層面的所有接點

例 ▶面對顧客洽詢時用心應對

▶在顧客訂購時促成一個雙方可心靈相通的活動

▶重新檢視接待時的應對進退

Point
● 試著寫出在與顧客對話、交換訊息時，這個接點裡存在著什麼樣的東西
● 通過所有的接點，檢視自己是否有努力做到與顧客心靈相通
● 為了透過接點促進內心的交流，事先定好基本的對話或活動

445 重新檢視建築物內外的「物理接點」

例 ▶在停車場的通道張貼訊息或音樂

▶在鞋櫃內側張貼訊息　▶在通道的台階張貼致意的訊息

Point ◉ 思考顧客會經過建築外側的何處，在那裡利用訊息建立與顧客的接點
　　　◉ 檢視顧客進入建築物之後會走哪裡？停在哪裡？看到哪裡？從中找出最重要的接點
　　　◉ 在找出來的接點上張貼發自內心的訊息

446　備有可供顧客脫鞋放鬆的座位

例 ▶ 準備和式洽談（休息）空間

▶ 可供脫鞋慢慢試用商品的空間

▶ 可供脫鞋談話的接待空間

Point ◉ 思考能否在店內打造一個可供脫鞋慢慢休息的空間
　　　◉ 構思一些可讓顧客脫鞋、脫襪放鬆的布置
　　　◉ 發想新點子，看看有沒有方法可以讓目前的座位變成可供放鬆的場所

447　讓所有員工都成為服務人員

例 ▶ 重新檢視停車場員工的接待服務

▶ 磨練技術人員的接待技術　　▶ 磨練指引人員的接待能力

Point ◉ 重新檢視所有與顧客有所接觸的員工是否都能像優秀的服務員一般接待客戶
　　　◉ 若是員工無法意識到顧客的存在，就好比顧客沒在視線裡，被高牆阻隔開來一般
　　　◉ 利用安排一位優秀接待人員進入工讀生群中，藉此尋求可改善的部分

95　針對「不能」提出「可以」的替代方案

顧客在提出問題或進行諮詢的時候，在顧客的心中並不希望聽到「不行」這個答案。他們希望聽到的答案是「沒問題」，或是「如果○○就可以」等替代方案的提案。因此，請在事前準備好能夠因應各種需求的替代方案，避免以「沒辦法」來回答顧客。

448 提供「如果○○就可以」的替代方案

例 ▶ 努力不說「辦不到」

▶ 將做不到的事情換成做得到的方案

▶ 預先準備好幾種替代方案

Point ◉ 訂下一個絕不對顧客說「做不到」的規則，轉而養成總是尋求可行方法的習慣
◉ 面對時常被要求的問題，不妨事先準備好幾種不同的替代方案，並和全體員工一起分享
◉ 養成時常預先思考替代方案的習慣

449 事先準備好沒有列在菜單上的替代選項

例 ▶ 事先決定好可用於追加或拿掉的餡料或配料（優待）的內容

▶ 準備好可做為替代方案的清單

Point ◉ 預先以基本的菜單為基礎，準備好能隨時在顧客要求時答覆的替代方案
◉ 決定一個品項時，連同可以變動的部分與素材、可調整的內容都加入考慮

450 在正規菜單中加入眾多顧客要求或期待的品項

例 ▶ 依據顧客需求完成的菜單一部分

▶ 隨時將顧客要求的選項加進菜單中

Point ◉ 將顧客的要求與請託逐條記錄下來，並思考是否能將要求者眾多的選項加進正規菜單，讓菜單可以變動
◉ 在菜單上預留日後可以手寫追跡的空間，日後再將顧客要求的選項中可行的部分一一追加上去

189

96 將顧客想像成「居住在遠方的母親」

即使想要提供給顧客「最棒的招待」，也有可能不知道該如何是好。為此，希望各位務必嘗試這個方法，就是將眼前的顧客想像成「你想好好珍視的人」，然後以這樣的角度進行各種創意的發想。如果覺得很困難，就請具體想像當你「遠在故鄉的母親」光臨時，你會如何接待她？預約時呢？相見的瞬間又是如何？

451 將顧客置換成打從心底重視的人

例 ▶ 聯想「分隔兩地的○○」「一年只能見到一次面的○○」「遠距離的○○」「最愛的○○」「身體虛弱的○○」

Point
- 為了找尋最佳的接待方法，不妨將顧客想成是你「身旁最珍視的人」，換成是這個人你會如何接待
- 更加具體、寫實的將顧客置換為自己特別想守護的重要存在，想像現在應該立刻做什麼
- 試著假設重要的人是「不可分離的存在」再進一步發想

452 寫出想為重視的人「做些什麼」

例 ▶ 具體的寫出並實行打從心底想對重視的人「做的事」、「說的話」

Point
- 想像那人專程從遠方來，你會想為他做什麼？
- 想像從與重要的人連絡開始、進店門到離開、以及打招呼的過程中你具體想對那個人做些什麼？
- 構築在服務（接待）的過程中想為那人所做的事

453 以認識你真好的心情接待顧客

例 ▶ 懷抱「遇見你真好」、「從以前就一直想見到你了」、「還想再見到你」的心情接待客戶

Point ◉懷抱真心接待顧客時，試著想像：「眼前這位是再也不會見到的重要人士」、「能遇見你真的很開心」、「好想再見你一次面」
　　　◉在接待顧客前，試著將上列文句都說出口，或者在心中念過一次

97 創造顧客之間的羈絆（連結）

與他人產生羈絆，會讓人們擁有安心與安穩的感覺。如果對象是擁有相同興趣或喜好的夥伴，那麼這種感覺就會更加強烈。因此，你必須創造出讓顧客彼此可以自然產生連結的契機，或者創造出讓顧客們可以一起度過一段時間的機會。請嘗試思考讓顧客們可以自然形成團體的機制。

454 讓顧客之間的連結更加明確並形成網絡

例 ▶○○粉絲會　▶○○愛好者團
　　▶喜好○○（粉絲）會　▶○○愛好者協會
　　▶○○地區××會

Point ◉安排讓顧客看見彼此興趣與喜好、並從中尋找共同點的聚會
　　　◉召集組成擁有共同興趣或喜好連結明確的團體
　　　◉提供讓顧客可以盡情交流共同話題的場所

455 讓特定類型的顧客社群化

例 ▶喜好○○玩家大集合派對
　　▶有○○煩惱的××社群
　　▶家有○○小孩的家長社群

Point ◉利用幾種題目或興趣建立新的社群，在顧客中找尋參加者
　　　◉以顧客擔憂的事或困擾為題，創建新社群
　　　◉以世代或年齡區分，討論以前的流行事物等，尋找社群的共同點

| 456 | 製造一起參與特殊體驗的機會 |

例 ▶聚集顧客參加「○○不可思議之旅」

▶聚集眾多顧客舉行「○○模擬體驗」

▶開放顧客參加的「○○舞台（Show）」體驗

Point ◉將顧客聚集在同一個場所，同時參與特殊體驗，或製造機會讓大家一起有品嚐悸動的經驗
◉讓顧客經驗互相協助，共同完成一個課題的過程
◉給與顧客一同重溫童年遊戲的機會

| 457 | 提供特別優惠給組成團體（使用團體卡）的顧客 |

例 ▶小組共同集點卡　▶朋友卡

▶家族卡　▶伴侶集點卡　▶團體特惠

Point ◉思考顧客加入團體時，可以輕易獲得優惠的安排（卡片等等）
◉思考讓一個團體內的成員增加時，優惠也隨之增加的方法
◉簡單易懂的載明可獲得優惠的條件，例如優惠的種類，以及參加人數增加優惠也隨之增加等

98　對「忠實顧客」提供最徹底的服務

有效且持續提供利潤的理想顧客，就是所謂的「忠實顧客」。只要能夠徹底服務忠實顧客，其他顧客就會想要加入忠實顧客的行列。請盡可能服務忠實顧客，明顯區隔出忠實顧客與一般顧客的差異，並以簡單易懂的方式提示成為忠實顧客的條件。

458 讓忠實顧客獲得明顯有別於其他顧客的禮遇

例 ▶忠實顧客優惠一覽表

▶忠實顧客限定○○禮遇服務

▶VIP忠實會員升級後，○○會有所不同

Point ◉讓顧客看見成為忠實顧客之後獲得好處和優待的壓倒性的證據
◉簡單地列出成為忠實顧客所能享有的禮遇一覽表
◉讓顧客升級後所享的禮遇與優惠等級，並明確記載其條件

459 為忠實顧客舉辦搶先特賣活動

例 ▶「VIP顧客限定預售會」

▶「忠實顧客限定之優先降價特賣」

▶僅招待忠實顧客的特別銷售會

Point ◉在針對一般來客所舉辦的特賣會之前展開僅招待忠實顧客的特賣會
◉試著將一般客與忠實顧客安排在同一會場，但預留一個僅有忠實顧客可進入的專屬空間，製造特殊的氛圍
◉只有專屬忠實顧客能獲得特別優惠，或用特別條件購買，即便是在特賣期間也享有特殊禮遇

460 舉辦只有忠實顧客可以參加的特別集會

例 ▶招待忠實顧客參加感恩特別之旅

▶「邀請忠實顧客○○參加派對」

▶舉辦「VIP會員限定○○活動」

Point ◉企劃一場僅邀請忠實顧客參加的特別活動或聚會、派對
◉明確的告知被邀請來的貴客都是很特別的客戶
◉互相介紹常客，並讓很滿意商品的顧客有機會在大家面前說話

461 為忠實顧客準備生日折扣（禮物）

例 ▶ **忠實顧客的生日禮物**

▶ **致贈忠實顧客派對花束為賀禮**

▶ **「VIP會員生日當月○折大優惠」**

Point ◉ 在忠實顧客的生日時致贈特別的、或原創的禮物
◉ 忠實顧客在生日當月來店即可享有特別的優惠
◉ 除了為顧客的生日構思驚喜之外，並同時準備能讓顧客開心的安排

---

462 唯有忠實顧客才能享有的免費○○服務

例 ▶ **忠實顧客才有的限定免費午餐優惠**

▶ **忠實顧客限定○○套餐**

▶ **製作VIP會員限定的免費菜單**

Point ◉ 只為特別的忠實顧客準備具有特殊價值的禮物
◉ 詳盡地強調這份免費服務的價值，進而提升優惠的高貴度
◉ 也對一般顧客販售同樣的商品，然而故意為這項免費提供給忠實顧客的優惠定一個偏高的價格

---

99 成為顧客依賴的對象

在商場上如果客戶總是依賴你、沒有你就好像什麼都做不到，那麼這樣的合作關係想必就能持續地發展。顧客依賴你，就表示顧客無法離開你，因此請提供服務代為處理顧客覺得麻煩的事項，或是固定會進行的作業，盡可能創造出讓顧客依賴你的機制。

463 針對顧客覺得麻煩的事物提供服務

例 ▶「讓我們為您提供免費代辦麻煩手續的服務」

▶「要處理簡單便利的○○即可」

▶「所有麻煩事項都包含在免費服務的○○中」

Point ● 思考一般顧客要做的事情中,有哪些是會讓他們覺得麻煩、討厭的

● 思考能否免費或收費為客戶代辦麻煩的事項

● 說明麻煩的程序中有哪些事項,告訴顧客其實還有免除這項煩人事項的方法

464 販售讓你什麼都不用做的全套組合

例 ▶「讓您久等了!解決麻煩事的安心便利包!」

▶「什麼都不用做的○○包」

▶「○○ Full support 全效支援組」

Point ● 思考能否銷售一項顧客不須額外費工夫的商品,例如:「全效輕鬆包」、「○○全套支援企劃」等服務

● 明確記載服務內容,以及到哪裡為止可以不用勞駕顧客親自去做等等,並將顧客必須做的事簡單易懂地標記出來

● 訴求「顧客只要做○○即可!」

465 將所有顧客需要做的事情列成選購清單

例 ▶製作顧客代辦事項的清單

▶各種任務的費用表

▶「追加○○元,我們便為您××」

Point ● 將顧客將要做的手續依序寫出,並提供相關的代辦服務,思考能否將這些服務商品化

● 製作清楚明瞭的代辦任務內容與價格清單

● 讓顧客自行挑選想委託的代辦事項

100 提供持久的保證

所謂的「保證」是能夠讓顧客消解不安的方法。只要有些許讓顧客感到不安的因素，比如說因為是第一次購買而怕做出失敗的選擇等，即便是些微的不安，就要針對這些不安向顧客提供保證。只要能承諾給予持續的保證，就能夠讓顧客的各種不安得以消解，降低顧客在物理上與心理上的門檻，而讓他們能夠更自由自在地採取行動。

466 提供無條件維修服務等保證

例 ▶「無條件修理服務」

▶「除零件費用外修理費用永久免費」

▶貼上「保證完全不收取修理費用」的標籤

Point
- 思考是否能夠無償提供顧客日常的損壞或故障的無條件維修服務
- 提示顧客一般委託業者修理的參考價格，讓顧客更清楚了解這份保證的價值
- 簡單明瞭的呈現修理的照片及案例等訊息，方便大家參考

467 提供收購舊機保證

例 ▶「給消費顧客的○○舊換新保證」

▶「下次消費時可保證退換貨的金額」

▶「○○換貨保證制度」

Point
- 探討是否能在顧客新購商品以替代舊物時，提供可讓顧客決定購買的舊換新金額保證
- 舊換新的價格與條件盡可能簡單明瞭地標示出來
- 公開舊換新的鑑定方法實例讓大家看見

468 提供品質保證（品質鑑定證明）

例
- ▶「隨商品附上○○機關鑑定的××品質保證書」
- ▶附上○○品質鑑定保證書　▶「原材料○○品質認證卡」

Point
- ●製作第三方檢驗機關的品質保證或鑑定書，針對品質提出書面的保證
- ●試著準備並非商品本身，而是組成商品的原物料、製作人員、主廚等的品質或權威保證書（保證卡）
- ●保證絕無使用農藥、無添加食材

469 附加（相關）服務的保證

例
- ▶「保證○○免費維修」
- ▶「免費故障修理服務」
- ▶「保證免費退換○○服務」　▶「保證免費安裝」

Point
- ●思考能否提供與該項商品相關的周邊服務永久保固
- ●考量能否針對與商品有關的耗材、需要更換的商品做出保證
- ●思考能否提供免費服務，保證能夠協助安裝或日後拆裝等麻煩的作業

101 轉述其他消費者的喜悅以消除顧客購入後的不安

顧客在購買商品後常會忍不住擔心：「我真的做了正確的決定嗎？」「是否還有更好的選擇呢？」因此，設法化顧客的「擔心」為「安心」十分重要。請讓顧客在購買後也能看見其他顧客的正面評價，盡早使他們「安心」。

470 寄送集結顧客正面回饋的小冊子

例
- ▶寄送顧客的逸事集
- ▶舉辦快樂評價比賽，將其中優秀的心得（作品）集結成紀念冊

Point ◉ 為了蒐集顧客的快樂回饋，不妨舉辦相關的競賽，並將優秀的心得（作品）或精彩的喜悅之聲結集成冊對外發布
◉ 以顧客之聲為名，將精采的小故事與開心的意見活用於廣告活動中
◉ 為了方便在與顧客商談的過程中隨時運用其他顧客的喜悅感想，事前便配合顧客的特性選好不同的回饋意見

471 在顧客購買後進行訪問，傳達其他顧客的滿意評價

例 ▶ 在消費後的訪問中傳達其他顧客的喜悅之情
▶ 在顧客消費後拿出其他顧客開心的照片與其分享

Point ◉ 在顧客消費或申辦的當日或隔天便親自到顧客家訪問，並閒聊其他顧客開心使用商品的事例與逸事，以減輕顧客消費後的不安
◉ 預先依照顧客的喜好準備好幾個版本的小故事或照片好隨時與顧客分享

472 聚集對商品滿意的顧客成立社群

例 ▶ ○○粉絲（愛好者）小組　▶ ○○迷交流網
▶ 1 Love ○○休閒小站（情報交換網站）

Point ◉ 試著創造一個空間供滿意商品的顧客互相交流產品、服務相關情報
◉ 以「○○粉絲集會」、「○○愛好者聚會」等主題建立交流網站
◉ 將交流網站中的情報運用在商品開發中，並以生產者身分做交流

473 舉辦給消費顧客的集會活動（派對）

例 ▶ 購買○○者可參加的特別派對
▶ 舉辦只召集消費顧客的特別活動
▶ ○○粉絲感謝會

Point ◉ 舉辦只招待消費顧客的活動，在會上再度宣傳產品的絕佳特點，並提供交流分享的機會
◉ 記錄該活動的情況、錄影或訪問顧客供尚未決定購買的顧客觀看，當作推銷時的有力工具

| 474 | 聽取忠實支持者的想法 |

例▶ ▶在感謝支持者的活動上加入分享○○優點的談話橋段
▶發布粉絲分享最愛○○的訪問
▶請愛用者投稿宣傳影片

Point ◉與超級愛好者針對產品或服務進行訪問或對談、做問卷調查等等,將結果供其他顧客查閱
◉任命品牌超級愛好者為產品特派員(產品大使),拜託該顧客廣為宣傳產品情報
◉試著累積產品愛好者的代表性評價庫

102 將與顧客同行的兒童視為商機

如果有孩童與顧客同行,要取悅顧客就變得十分簡單。只要同行的孩童能夠獲得很好的接待,顧客就會非常高興。因此,你應將兒童的存在視為發揮創意、提供服務的大好機會,準備兒童喜愛的各項服務,讓一起的大人顧客也能隨之展露笑顏。

| 475 | 將兒童視為成人來對待 |

例▶ ▶兒童專用迷你刀叉組
▶準備縮小版正式套餐
▶備妥兒童座位牌

Point ◉將兒童也視為成人,平常準備給成人的東西,不要因為對象是兒童就敷衍了事
◉寫下平常會讓成人使用、卻不為孩童準備的東西有哪些,思考是否也能為孩童準備替代或同樣的物品
◉將兒童視同成人來接待

| 476 | 製作兒童專用的商品或商品型錄 |

例▶ ▶兒童專用菜單冊

▶兒童限定商品（包裝）

▶針對孩童設計的菜單區塊

Point ◉試著準備一份兒童專用的可愛菜單或是專屬的類別
◉試著製作一份僅用注音呈現、用插圖或漫畫繪成的價目表或菜單
◉打造一塊僅銷售兒童商品的區域
◉即便是同一種商品，只要是兒童專用便以便宜的價格販售

| 477 | 準備兒童專用的可愛道具 |

例▶ ▶孩童專用迷你餐桌（椅子）

▶兒童專用迷你床　▶兒童專用購物籃

▶兒童專用迷你購物推車

Point ◉寫出大人使用的所有工具，並試著將這些工具全都小型化以供孩童使用，或者思考能否將工具設計得更可愛？
◉時時意識到小孩也會想擁有大人擁有的東西
◉想像「兒童專用迷你○○」提出各種創意

| 478 | 收集兒童相關資訊推出新的服務 |

例▶ ▶在兒童使用的碗盤上印有兒童喜歡的圖樣

▶準備一份給小朋友的訊息卡片

▶接待小朋友時可喊出名字

Point ◉當顧客偕小孩前來時，盡可能向顧客打聽有關小孩的各項資訊
◉思考能不能將小孩的名字、年齡、喜歡的動漫角色、運動等反映在餐點或商品中
◉致贈小孩一份附有時間與姓名的訊息卡片當成禮物

提供持續的滿足 Part ❼

479 準備兒童專屬接待空間

例 ▶兒童用櫃台（服務窗口）

▶在櫃檯前擺放高度有一兩個台階高的墊腳梯，打造一個專門服務兒童的櫃台

▶兒童專用接待桌

Point ◉如同接待成人顧客一般，設置專門接待小朋友的空間
◉在接待大人的空間旁擺放小梯子等，讓小朋友也能一同參與
◉在專屬接待空間中直接轉交特地為小朋友準備的物品給小孩

480 為兒童拍攝記念照片做為禮物

例 ▶提供親子紀念照拍攝服務

▶致贈全家福紀念照

▶將全家福紀念寫真印製成明信片當成禮物

Point ◉為偕孩童一同前來的顧客拍攝全家福紀念照，押上時間與店家名稱後當成紀念贈品送給顧客
◉出聲詢問：「需要我們用您的相機拍一張合照嗎？」以喚起顧客拍照的意欲
◉活用拍攝紀念照的狀況，準備記載店家名稱、日期的「紀念照專用公告欄」

481 將兒童的姓名寫在餐盤或料理上

例 ▶幫小孩在碗盤上寫名字

▶在料理上寫下孩童的名字

▶在小旗子等小物上頭寫上小朋友的名字

Point ◉將孩童的名字當成最大的服務提升項目，用醬料等材料在盤子等地方寫上小孩的名字
◉利用小旗子或小卡片，在各個物品上附上寫有孩童名字的記號
◉準備寫有孩童姓名的卡片

201

482 只要收集××即可獲得小朋友最喜歡的○○

例 ▶「蒐集○○即可獲得喜歡的漫畫（遊戲、玩具）」

▶「凡是點○○即可獲得孩子們喜歡的××」

Point ◉如果是常有家長帶小孩來的店家，則不妨實施集點、蒐集印章貼紙等兌換獎品的活動（玩具等等）

◉準備足以讓小朋友產生集點興趣的獎品，集點卡也採用小朋友會喜歡的設計

483 讓員工一起幫小朋友慶生

例 ▶致贈兒童生日賀卡

▶職員一同唱生日快樂歌獻上祝福

▶致贈迷你生日蛋糕

Point ◉在小朋友生日前後一個月獻上生日祝福

◉工作人員致贈卡片、蛋糕，或唱生日快樂歌給予祝福

◉拍攝紀念照片作為日後的禮物

◉預先詢問：「今天是不是小孩的特別日子呢？」

484 在需要等待時，讓孩童專注於玩樂之中

例 ▶打造一個播放卡通的快樂空間

▶打造擺滿玩具的兒童遊樂空間

▶打造可讓孩童陶醉在漫畫與繪本世界的空間

Point ◉盡可能別讓小朋友等待，盡量引導他們轉移注意力到其他的樂趣中

◉針對孩童喜歡的事物安排一個可讓小朋友「觸摸、看見、閱讀」的空間

◉供孩童放鬆的地方應設置在家長視線可及之處

485 將孩童所畫的人像或插畫運用在廣告上

例 ▶請顧客的小孩畫圖或人像並運用在廣告上

▶蒐集小朋友所畫的圖像舉辦一場店內展示會

Point ●舉辦一場募集兒童彩繪圖畫的選拔大會或活動,並將這些作品展示在店內、或當作廣告等,以吸引家長們的注意

●企劃一個請小孩畫人像的活動,將爸爸、媽媽、爺爺、奶奶當成人物畫的題材,以便同時增進家族成員對活動的關注度

486 準備角色扮演(扮裝)的服裝

例 ▶公主裝扮寫真攝影

▶出借卡通角色Cosplay服裝

▶出借不同職業的制服

Point ●準備幾種可供孩童裝扮的方案

●準備一個可供Cosplay拍照留影的空間

●試著準備公司職員的衣著等等,乃至於特別的職業裝扮

487 免費招待與顧客同行的兒童

例 ▶同行兒童免費　▶兒童隨時享有免費優惠

▶兒童附餐飲料免費　▶兒童附餐甜點免費

▶兒童免費入場

Point ●無時無刻免費招待隨行兒童,或是將價格訂為半價

●安排孩童與大人同行時,兒童喜歡的菜單或商品即可享有免費優待,讓大人小孩都開心

●企劃一場與小孩同行即可享有的優惠活動,例如攜帶一名小孩參加即可獲得○○

203

103 致贈有紀念意義的「伴手禮」給初次前來的顧客

就銷售而言沒有比讓第一次光臨的顧客想要再次光臨更重要的事。因為只靠新顧客，事業很難持續。因此，必須重視第一次光臨的顧客。準備讓人無法遺忘、能夠留下深刻印象的禮物（機制），鼓勵顧客再次光臨。

488 在顧客離開之前遞上手寫小卡片

例 ▶利用手寫書信傳達感謝與期望顧客再度光臨的請願

　▶手寫的感謝卡

　▶在紀念照片上寫下感謝來店的訊息

Point
- 針對第一次來訪的顧客以手寫的方式傳達感謝的心意與期待再度光臨的心情
- 針對要給顧客的卡片預先準備好數種不同的樣式
- 請務必轉交印有店舖名稱或地址的卡片、紀念小物給第一次來訪的顧客

489 致贈註明初次消費日期的記念品

例 ▶致贈刻上日期的本店原創硬幣

　▶在五元硬幣上加上訊息，致贈「緣分幣」

　▶以寫有日期的紀念照片為贈禮

Point
- 製作讓人對第一次來訪日期產生有如紀念日印象的小道具，致贈給顧客
- 將第一次來訪的日期當作該顧客的紀念日記錄下來，日後以與當天有關聯的角度切入，為顧客準備特定優惠，並邀請再度光臨
- 請顧客在離開前於店內或大門前留影

104　特別禮遇女性顧客

女性無論到了幾歲，都會對因為是女性而獲得特別禮遇感到開心。相反地，如果沒有受到特別的對待，就可能感到不快。因此，面對這樣的女性，更要特別用心去取悅她們，特別是人際網絡寬廣、能夠有效地進行人際傳播的女性顧客。如此不僅是女性顧客，男性顧客也會受到吸引跟著上門。

490　用各種手段讓女性顧客享有「公主」般的待遇

例 ▶公主（大小姐）套餐（套裝組）　▶豪華的灰姑娘套餐
　　▶扶著女性顧客的手引導至座位上
　　▶準備公主角色扮演裝

Point ◉預先準備好幾種針對女性顧客安排的公主待遇特惠或特餐
　　　◉準備一些像是真的伺候公主時使用的小道具，在遣辭用句上也下點功夫
　　　◉準備可讓人聯想到公主（大小姐）的商品與料理、裝飾，規劃一套特殊菜單

491　準備女性專屬選單

例 ▶準備女性限定專屬選單　▶女性套餐
　　▶發送女性專屬好禮　▶女性限定免費菜單

Point ◉專程為女生打造女性專用菜單、女性專屬選單等
　　　◉透過女性限定企劃致贈特別的禮物
　　　◉準備一項只有女性可以免費獲得的商品或料理
　　　◉在菜單等物品上特別標註只有女生可獲得的優惠，清楚傳達給顧客知道

492　女性專用（男賓止步）

例 ▶本店僅開放女生進入　▶訂定女性專屬日
　　▶打造一個女性專用空間（Lady's Area）

Point
- 從女生們可以盡情享受的觀點切入，試著創造只有女性可以○○的店、日、Ladyis○○等等，排除男性的加入
- 準備一個區域僅讓女生在此放鬆心情
- 簡單易懂地說明女性專屬優惠、女性專屬空間存在的價值

493 一同前來的女性人數越多特別優惠就越多

例 ▶ **女生小圈圈折扣**

▶ 根據女生人數不同、折扣也跟著改變的「女性人數折扣制」

▶ 根據女生人數的不同，特惠也不同

Point
- 思考女性顧客增加、優惠也跟著增加的促銷方案
- 針對只有女性的團體提供特別的服務與優惠
- 具體地說明依據女生的人數可以享有什麼樣超值的優惠，以及其中的價值

105 以笑容、笑容還有笑容接待顧客

接待顧客時，最需要的就是笑容。再怎麼好聽的話語，少了笑容，就無法讓對方感受到心意。請注意即使是看不見表情的電話往來，少了笑容，也可能無法讓對方感受到誠意。書寫文章時亦然，溫柔的話語，最好能夠面帶笑容寫出來。請努力在各式各樣的場合，以「笑容」接待顧客。

494 即使顧客離開後也要繼續保持笑容

例 ▶ **接待顧客後為了不要讓笑容馬上消失，在內心默數三秒。**

▶ **打招呼或介紹完後也要讓微笑停留一段時間。**

Point ●隨時提醒自己接待完顧客後,在心中默數三秒繼續保持笑容
●盡量不要讓微笑完的表情出現過於極端的變化
●在表情的變化上應盡可能努力保有餘韻
●職員之間彼此確認表情的變化是否留有餘韻

495 在顧客看不見的地方擺放鏡子

例 ▶**在電話前擺放鏡子時時檢視自己的笑容**

▶**在從顧客的角度看不到的內側擺放一面可以隨時檢視自己笑容的鏡子**

Point ●若是透過電話、E-mail等顧客看不到的應對方式,為了時時確認自己的笑容,不妨在前方放一面鏡子
●在櫃台內側設置檢視笑容用的鏡子
●掛著笑容寫致意的文章或打字

496 讓顧客為員工的笑容投票

例 ▶**舉辦工作人員笑容選拔大賽**

▶**工作人員的笑容投票卡**

▶**在牆上張貼工作人員笑容排行榜**

Point ●舉辦顧客也可以參與投票活動,票選出最佳的工作人員笑容
●在評價最高的工作人員名牌上貼上笑臉符號或星號章,給予表揚
●將審查結果公布在店內牆上或網路,另一方面,先前參與投票的顧客也可以獲得一項優惠

207

106 提供意外的驚喜

顧客什麼時候會打從心底覺得高興呢？答案就是，在遇到沒有預期（意想不到）的好事的時候。這些顧客想都沒想過的好事，最能抓住他們的心。因此無論什麼都好，請為顧客準備意想不到的驚喜禮物，包括顧客想都沒想過的「某些特別的、讓人高興的事物，或者美麗的景色、音樂等」。

497 顧客專屬的特別席

例 ▶將窗邊座位設定為特別席
　▶特別的時候在平常沒有設置座位的地方設置專屬席次
　▶在特別席上放上名牌

Point ◉在店中設置僅在特別時段開放、或是提供給特別顧客的包廂、坐席
　　　◉在特別的場面或時刻將特別席提供給來賓
　　　◉特別裝飾專屬包廂或特別席，以明確顯示該坐席的與眾不同

498 提供可以誘使顧客緬懷往日時光的事物

例 ▶致贈當年（孩子的生日）的報紙影本
　▶用當年流行的歌曲當背景音樂

Point ◉思考能否在對顧客極具意義的日子裡做讓人得以緬懷往日情懷的陳設
　　　◉試著準備有關於紀念日的報紙或是當年的流行歌曲
　　　◉將菜單的名稱或商品名改成與往日時光相關的版本，創造獨一無二的菜單

499 讓顧客欣賞意想不到的景致（裝飾）

例 ▶突然轉換室內燈光
　▶將室內照明轉換成與平常不同的顏色
　▶將走廊改造成不同於平日的幽暗小徑

Point ●試著改變照明與裝飾,給顧客帶來煥然一新的印象
　　　●為了讓顧客可以看到景色的瞬間,不妨設置昏暗的通道、或請顧客閉上眼等,讓顧客見識到瞬間改變的景致
　　　●試著開放平常不會留意的店內深處,讓顧客探看店鋪深處、陰暗角落等

500 提供菜單裡沒有的品項作為禮物

例 ▶**當場致贈計畫中沒有的東西當作禮物**

　　▶**當場料理原創菜單**

　　▶**只有該對象知道,且會因此開心的禮物**

Point ●思考能不能提供給顧客菜單沒有、當初不在計畫中的驚喜?
　　　●追加一項只有目標對象清楚且會因此開心的精選橋段
　　　●致贈能讓顧客遙想成長環境或童年時期的禮物
　　　●明確說明這是菜單中完全不曾出現的特別招待

後記

　　這本書是接續收錄了約 4000 個促銷文案，誰都能輕鬆使用的前一本《熱賣關鍵字 1000》(バカ売れキーワード 1000) 之後，我完成的第二本書。

　　相信只是翻開就會明白，這本書的內容相當豐富，除了收錄了 500 個促銷點子，還有超過 1500 個具體運用實例。

　　但本書從企劃確立、篩選促銷概念、構想具體的點子與提示等一連串作業，到動筆寫作完成，其實花費了將近兩年的時間。

　　書中介紹的 500 個「促銷點子」適用於各種產業類型與營業形態，其中亦包含了一般經常被使用的類似方法，只要稍微多花一些工夫，應該就能更廣泛地應用。

　　以促銷來說，有效的手法與規劃設計從以前就經過反覆地調整與運用。因此，希望讀者能配合正在經手的商品的狀況稍加調整，盡量去使用書中介紹的促銷點子、提示、手法與促銷機制。

　　在這些「促銷點子」中，有許多是不需要花費任何成本，看到就可以立刻直接運用的項目。如果發現了任何可以提供靈感的點子，希望你能立即運用。

　　此外，本書所介紹的 106 項「促銷概念」中的資訊與觀念，都是經常在心中思考的內容。這本書的意義，對我而言亦如同「滿載思考促進銷售（促銷）時所需要素的聖經」。

　　本書或許無法讓人想到驚奇、天馬行空或充滿創意的點子，但一定可以幫助你更加確實而直接地獲得大量「讓正在經手的商品賣得更好」的點子與靈感。

即使你只是隨手翻閱本書，
或許就立刻產生想要實踐的
衝動也說不定。

請盡情地運用、實踐、
反覆嘗試、修正，
確實找出最有效的方法。

我打從心底希望你能將本書使用到書整本爛掉的程度，並在書頁的空白處填滿你自己發現的「促銷概念」。

最後，我要借此機會，由衷感謝容許我延後交稿數月、以十足耐心等待的Ｔ編輯。

在這兩年來，我的假日幾乎都用來寫作，完全沒有為家人做一些事，也幾乎無法陪伴心愛的兒子玩耍。在此，我要感謝我的家人與心愛的兒子。謝謝你們總是對我展露笑顏。

堀田　博和

熱賣學：商品導購促銷 500 攻略 / 堀田博和作；賴庭筠，黃子玲，張婷婷翻譯 . – 三版 . -- 臺北市：時報文化出版企業股份有限公司, 2025.06
　　　　面；　　公分 . -- (Big；458)
譯自：バカ売れ販促アイデア 500
ISBN 978-626-419-417-4(平裝)

1.CST: 銷售 2.CST: 行銷策略

496.5　　　　　　　　　　　　　　　　　　　　　　　　　　　　　　114004224

BAKAURE HANSOKU IDEA 500
©2011 Hirokazu Horita
First published in Japan in 2011 by KADOKAWA CORPORATION, Tokyo.
Complex Chinese translation rights arranged with KADOKAWA CORPORATION, Tokyo
through TUTTLE-MORI AGENCY, INC., Tokyo.

ISBN 978-626-419-417-4
Printed in Taiwan

BIG 458
熱賣學：商品導購促銷 500 攻略

作者　堀田博和　｜譯者　賴庭筠、黃子玲、張婷婷　｜主編　謝翠鈺　｜企劃　鄭家謙　｜封面設計
魚展設計　｜美術編輯　SHRTING WU　｜董事長　趙政岷　｜出版者　時報文化出版企業股份有限公司
108019 台北市和平西路三段 240 號 7 樓　發行專線―(02)2306-6842　讀者服務專線―0800-231-705・
(02)2304-7103　讀者服務傳真―(02)2304-6858　郵撥―19344724 時報文化出版公司　信箱―10899 台北華江橋郵局第九九信箱　時報悅讀網―http://www.readingtimes.com.tw　｜法律顧問　理律法律事務所　陳長文律師、李念祖律師　｜印刷　勁達印刷有限公司　｜三版一刷　2025 年 6 月 6 日　｜定價　新台幣380 元　｜缺頁或破損的書，請寄回更換

時報文化出版公司成立於 1975 年，並於 1999 年股票上櫃公開發行，
於 2008 年脫離中時集團非屬旺中，以「尊重智慧與創意的文化事業」為信念。